KB262820

주부의 손에 지구가 있어요

후손을 생각하는 어머니들이 꼭 읽어야 하는 책

처음 이 책을 보고 환경에 관심을 가지고 있는 우리 주부들의 역량과 가능성에 박수를 보내게 되었습니다. 이제 주부들은 단순히 집에서 가사노동만을 하는 차원에서 벗어나 사회 여러 문제에 자신의 목소리를 직접 내기 시작하고 있으며, 이 책이 바로 그렇게 하는 일의 하나일 것입니다.

우리나라 주부들의 살림솜씨는 이미 모두 알아주는 것입니다. 그 알뜰살뜰한 살림의 솜씨를 더러워진 환경을 되살리고 보존하는 데에 쓴다면 우리 주변의 환경문제는 정말 좋아질 것입니다.

그런 의미에서 주부들이 직접 이와 같은 환경책을 펴낸 것은 매우 뜻깊은 일이라고 생각합니다. 특히 이 책을 보면서 아직 완성된 수준은 아니지만 많은 고민과 노력을 한 흔적이 몇가지 특징으로 나타나 있는 것을 알 수 있었습니다.

우선 이 책은 현재 우리 주변의 심각한 환경문제가 무엇인지에 대한 인식의 차원을 넘어 주부들의 입장에서 무엇을 실천할 수 있는가를 고민한 실천서라는 데 높은 점수를 주고 싶습니다.

아울러 단순히 주변에서 할 수 있는 실천사항들만을 모은 것이 아니라 환경문제를 사회구성원의 일원인 주부들은 어떻게 보아야 하는가 하는 인식의 방법, 즉 일정한 환경철학을 같이 담아내려 했다는 점에서 그 노력을 높이 평가하고 싶습니다. 환경문제에 대한 관심은 높아지고 있지만 올바른 환경운동을 위해서는 무엇보다도 바른 시각과 바른 철학을 가지는 것이 중요하기 때문입니다. 우리는 단지 내가 피해보지 않겠다는 차원의 환경실천이 아니라 모두가 같이 살아나가는 방향이 무엇인지를 찾아나가야 합니다. 그런 의미에서 이 책은 이같은 철학을 주부의 입장에서 열심히 담아내려 한 흔적이 많아 주부들만이 가질 수 있는 이웃사랑, 자연사랑의 모습을 느끼게 해 주었습니다.

또한 주부들이 가정에서 개인적으로 할 수 있는 실천뿐만 아니라 모두 함께 힘을 모아 정부나 기업에 요구하고 개선시켜야 될 사항들도 조목조목 지적되어 있어 주부들이 환경문제를 폭넓게 고민했다는 것을 알 수 있었습니다.

특히 기업이나 정부의 환경정책을 감시하는 주체로서 주부들을 꼽는 데에 가서는 주부들의 결집된 힘을 더욱 느끼면서 우리 주부들이 사회의 중요한 구성원으로 서려고 하는 것에 기대하게 됩니다.

이제 주부들, 우리 어머니들, 우리 여성들의 환경살리기 노력은 점점 확산되고 높은 차원으로 나아가고 있습니다. 아이를 기르는 어머니의 마음으로 나빠진 환경을 어루만진다면 우리의 환경도 꼭 좋아지리라 확신하며 더 많은 소중한 성과들이 계속되기를 기대합니다. 지구의 운명은 주부의 손에 있습니다. 그래서 이 책의 제목이 『주부의 손에 지구가 있어요』가 된 것으로 압니다. 끝으로 살림을 하는 중에도 어렵게 시간을 쪼개어 책을 펴내느라 힘을 많이 썼을 필자들에게 다시 한 번 격려를 보냅니다.

한국환경사회정책연구소 박 영 숙

『주부의 손에 지구가 있어요』의 발간에 부쳐

이제 우리의 생활은 환경을 생각지 않고는 제대로 건강하게 살아나갈 수 없을만큼 파괴되어 버렸습니다. 그러나 환경은 파괴되기는 쉽지만 회복되기 위해서는 오랜 시간과 많은 노력이 드는 어려운 일입니다. 때문에 사회 각 부분에서 환경을 살리기 위한 노력들을 열심히 하지 않으면 좀처럼 회복되기가 어렵다고 생각합니다.

이런 때에 한국여성민우회의 주부들이 환경을 살리려는 의지가 담긴 책을 낸다는 소식을 듣고 매우 기뻤습니다. 우선 주부들이 단순히 환경을 걱정하는 정도를 지나 환경문제에 대해 적극적으로 자신들의 목소리와 의지를 담아내는 노력을 했다는 것이 기쁩니다. 다음으로 주부들이야말로 환경문제에 있어 중요한 실천단위라는 것을 생각할 때 다른 무엇보다 주부 스스로가 실천할 수 있는 내용이 담긴 실천서라는 것이 반가웠습니다. 왜냐하면 환경을 살리기 위해서는 환경문제가 심각하다는 것을 아는 것도 중요하지만 무엇보다도 바른 실천이 따라야 하기 때문입니다.

그런 의미에서 주부들은 누구보다 환경과 가까이 있습니다. 가족의 건강을 지키는 식탁을 책임지고 있으며, 에너지 절약을 할 수 있고, 아이들에게 바른 환경교육을 시킬 수 있습니다. 또한 쓰레기문제를 일차적으로 해결할 수 있는 주체이며, 기업이나 정부의 환경정책을 생활 속에서 감시하는 역할도 할 수 있습니다. 한마디로 말해 지역사회에서 환경을 보존할 수 있는 가장 중요한 이들이 바로 주부입니다.

　이 책을 보면서 환경문제의 전문가나 학자들에게서는 들을 수 없는 참 생생한 현장의 목소리를 느낄 수 있었습니다. 바로 주부들이 자신의 손으로 썼기 때문에 생활에서 느끼는 환경문제는 이러이러한 것들이겠구나 하는 것을 알 수 있었다는 것이지요. 전문가가 쓴 것이 아니어서 가다듬어지지 않은 곳은 많지만 이런 생생한 현장의 목소리야말로 환경을 살리는 중요한 요인이고 또 이런 작은 노력들이 모여 주부들도 당당한 환경전문가가 되는 것이 아닐까요?

　외국에 나가보면 주부들의 환경보존노력이 대단함을 알 수 있습니다. 일상생활속에서 환경보존의 노력이 자연스럽게 뿌리내리고 있는 것입니다. 우리 주부들은 자식들의 교육문제나 살림솜씨나 그 어느 면에서도 뒤지지 않는 많은 역량을 갖고 있다고 생각합니다. 이제 그 능력을 환경을 지키는 데 쏟을 수 있도록 노력했으면 좋겠고, 이 책이 그러한 길잡이가 되었으면 좋겠습니다.

　마지막으로 가사노동과 아이들을 키우는 어려운 여건에서도 환경을 살리기 위해 열심히 이 책을 쓴 필자들에게 아낌 없는 격려를 보내면서 많은 사람들이 이 책을 참고하여 환경을 실리는 파수꾼이 되어주길 기대합니다. 이 책의 제목대로 지구는 주부의 손에 있기 때문입니다.

환경운동연합 사무총장
최 열

■책머리에

주부들의 실천을 담고 싶어서...

요즘 우리 생활의 가장 큰 문제 중 하나가 환경문제라는 것은 모두가 다 느낄 것입니다. 특히 아이들을 키우고 가족의 건강을 걱정하는 주부들의 경우에는 그 심각함을 느끼는 정도가 다른 누구보다도 더합니다. 그래서 많은 주부들이 점점 환경문제에 관심을 가지고 있고 환경을 살리기 위해 적극 실천해나가려 하고 있습니다.

그러나 생활 속에서 무언가 환경을 살리기 위해 노력하는 마음은 있지만 막상 실천을 하려 하면 막막한 것도 사실이었습니다. 실제로 어떤 일을 해야 환경을 살리는 데 가장 기여할 수 있을까? 또 쓰레기를 분리해서 배출하거나 우유팩 수거를 한다 하더라도 이런 노력이 과연 어떤 경로를 통해 환경을 살리는 것일까? 주부나 시민들의 힘만으로 과연 환경이 깨끗해질 수 있는 것인지? 바로 이런 궁금점들을 조금이나마 풀어보려고 이 작은 책을 내게 되었습니다.

한국여성민우회의 노원·도봉지역 생활협동조합 회원이었던 우리들은 여성민우회가 유기농산물 직거래운동을 하고 있었기 때문에 무엇보다도 먹거리 오염에 대한 관심이 높았습니다. 그러던 차에 먹거리뿐만 아니라 우리가 생활하는 환경이 대부분 점점 심하게 오염되어가고 있음을 느끼게 되었습니다. 그래서 환경문제에 관심을 많이 가지고 있는 회원들이 따로 모여 우선 모임을 만들어 환경문제가 무엇인지를 알아보고자 공부를 시작하였습니다. 공부가 진행되는 동안 환경문제가 중요하다는 것을 깨달으면서도 한편에선

회의에 빠지기도 했습니다. 환경공부를 하면 할수록 이 문제가 단순히 개인 차원의 문제가 아니라는 것, 또한 이대로 환경문제가 계속 심각해질 경우 과연 우리의 지구가 멸망치(?) 않고 자자손손 유지될 수 있을 것인가 하는 의구심이 들었기 때문입니다.

그러나 우리들의 이러한 우려는 공부를 지도해주시던 선생님의 말씀, 즉 바다가 단 3%의 소금에 의해 더 짜지도, 덜 짜지도 않으면서 자정기능을 하듯 이 세상에 환경문제를 진정으로 걱정하고 직접 실천하는 3%의 사람들만 있으면 그들이 바다의 소금과 같은 역할로서 우리 사회를 구할 수 있으리라는(?) 말씀에 용기를 얻어 씻어지게 되었으며 아울러 환경문제야말로 우리 주부들이 반드시 앞장서야 할 문제라는 사명감도 느끼게 되었습니다.

그래서 우리는 단순히 공부에서 끝나지 말고 직접 실천할 수 있는 일거리들을 찾아보기로 하였습니다. 우리가 이런 결심을 하게 된 데는 대부분의 책이 환경문제의 인식을 하는 데는 많은 도움을 주지만 정작 우리가 실천할 수 있는 점을 가르쳐주는 데는 미흡하였기 때문입니다.

하지만 단 8개월 정도의 공부와, 가사와 육아에 손을 뺏기고 있던 주부의 몸으로 책을 낸다는 것은 대단한 모험이 아닐 수 없어 의욕과 기획은 거창했지만 성과는 이 조그만 책에서 만족할 수밖에 없었습니다.

비록 내용은 보잘 것 없지만 이 책을 내는 데 우리는 몇가지 원칙을 갖고 있었습니다. 앞으로 우리가 한 노력보다 더 훌륭한 책을 내려는 분들이 참고하면 좋겠습니다.

첫째, 현단계에서 환경을 바로잡기 위해 개인이 할 수 있는 실천은 생각보다 많지 않다는 점입니다. 그 보다는 제도적인 것, 그리고 정부의 정책적인 부분에서 해야 할 일이 훨씬 많았습니다. 그러나 정부의 정책을 유도하고 견제하는 것은 다른 사람이 아닌 바로 우리 주부들이 아닐까요?

때문에 우리 주부들은 자신을 한 가정에 국한시키지 말고 이 사회의 책임 있는 구성원으로서, 민주시민으로서 위치지을 수 있어야 함을 깨닫게 되었습니다. 따라서 환경문제의 해결고리 역시 단순히 개인의 실천 차원뿐만 아니라 정책적인 눈, 즉 정확히 어떤 점이 문제가 되는지 하는 핵심을 찾아내서 이웃과 함께 제도적으로 고쳐나가는 눈을 갖는 것이 중요하다고 생각합니다.

따라서 정부나 지방의회에게 우리가 사는 지역의 환경문제를 해결할 것을 요구하는 것이야말로 가장 중요한 우리들의 실천 중 하나가 될 것입니다.

그리고 이런 실천은 멀게는 국회의원이나 대통령 선거시에도 바른 환경의식을 가진 사람을 선출하는 데까지 이르러야 된다고 생각합니다. 그래서 이 책에도 그러한 인식을 반영하려고 애썼습니다.

둘째, 환경문제에 대한 전반적인 설명은 다른 책에서 많이 나와 있기 때문에 여기에서는 그 부분을 최소한으로 줄이고 환경문제를 바라보는 관점과 개인적인 것이든, 같이 모여서 할 수 있는 것이든 실천할 수 있는 방향을 위주로 담아내려고 하였습니다.

관점을 세운다는 의미는 환경문제가 자칫 나와 내 가정의 피해를 줄이는 데만 초점이 맞추어지는 식으로 전개되지 않아야 함을 이야기하려고 노력하였습니다.

전문가가 쓴 책이 아니기 때문에 내용에 있어 잘못된 점이나 미흡한 점이 많겠지만 우리들은 이 책이 환경문제에 대해 개괄적인 이해를 얻고자 하는 사람이나 나아가 환경을 살리는 실천을 해보고자 하는 주부들이 읽고 토론하는 데 보탬이 되었으면 하는 바람을 가지고 썼습니다.

그러므로 생활 속에서 환경을 살리려 노력하려는 주부들의 의지와 정성을 보아 잘못된 점은 애정을 갖고 고쳐주시기 바랍니다. 아울러 모쪼록 더 많은 주부들이 환경문제에 관심을 가져 보다 나은 내용의 실천을 개발하고 더 훌륭한 책이 나오기를 고대합니다. 끝으로 화장품과 식품첨가물의 독성을 분석한 일본책을 열심히 번역해주신 황주영, 이미숙 두 분께 감사드립니다.

1995년 1월

김은경, 권미혁, 조영옥, 김연순, 박범이, 피원아

차 례

1
숨|쉬|기|가|겁|난|다

주부들의 실천

1. 가정의 오염원에 대해 관심을 가집시다.
1. 실내오염을 줄이기 위해 환기합시다.
1. 겨울철 오염이 심각한 날은 운동하지 맙시다.
1. 대기오염예보제를 요구합시다.
1. 대중교통을 이용하고 소형차를 삽시다.

심각한 대기의 오염

1. 대기오염 왜 문제일까요?

요즘 아침에 일어나면 상쾌한 기분보다 매캐한 공기가 방안으로 들어오는 것을 느끼는 사람이 많을 것입니다. 그래서 어쩌다 등산을 가면 산속 공기의 싱그러움에 비해 등산로를 벗어난 도시 속의 공기가 얼마나 더러운지를 실감하곤 합니다. 그만큼 공기의 오염이 심각해져가고 있다는 증거입니다.

그렇다면 대기오염은 단순히 숨쉬기에 기분이 나쁜 것으로 끝나는 것일까요? 대기가 오염되면 왜 문제일까요? 지구상에 공기가 없다면 아무 생물도 살 수 없습니다. 그만큼 공기는 인간생활에 필수적인 존재입니다. 그러나 공기가 있다 해도 이렇게 오염이 심각해지면 산성비를 내리거나 오존층이 파괴되어 건강이 악화됨은 물론 농작물에도 심각한 영향을 줍니다. 당장은 숨쉬기가 좀 나쁜 정도의 피해만을 느낄지 모르나 결국에는 지구상의 생물을 멸종시키거나 많은 도시들을 물에 잠기게 할 수도 있습니다.

1) 대기오염이 심각해지면 어떤 현상이 일어날까요?

① 산성비를 내리게 합니다

산성비가 내리면 동식물의 세포가 파괴되며, 철, 시멘트 등이 빨리 썩어들어 갑니다. 예를 들어 지하철이 자주 고장을 일으키는 것도 산성비로 전선이 삭아 그런 것이며 유수한 전세계의 건축물이나 조각품이 산성비로 인해 그 원형을 잃어버리고 있습니다.

다음으로 농작물에 피해를 줍니다. 산성비가 계속 내리면 땅이 산성화되어 식물이 잘 자라지 못해 농작물의 수확량이 줄어듭니다. 그 이유는 땅 속의 영양분인 칼슘과 마그네슘이 산성비에 황산염으로 변해 점점 줄어들기 때문입니다. 그러면 흙 속의 지렁이나 미생물이 죽어가고 식물은 영양실조가 되어 병충해를 견뎌내기 힘들어지며 장기적으로 식량난을 가져올 것입니다.

② 오존층이 파괴됩니다

오존층은 태양광선이 갖고 있는 자외선 등 생물에게 유해한 것들을 차단해주는 인류의 보호막입니다. 만약 오존층이 없었다면 인류에게 치명적인 양의 자외선이 지표까지 도달하게 됩니다. 자외선은 피부화상, 피부암, 백내장, 면역체계 약화 등의 원인이 되기 때문입니다. 따라서 자외선을 막아주는 오존층이 감소할 경우 많은 질병이 생기게 됩니다. 전문가에 의하면 오존층이 1% 감소됨에 따라 피부암이 약 5~6% 증가한다고 합니다.

또한 이산화탄소, 프레온가스, 메탄 등의 기체는 온실효과를 일으켜 지구기온을 점점 높이고 그 결과 극지방의 얼음이 녹아 해수면이 높아져서 많은 땅이 물에 잠기게 됩니다.

③ 나쁜 공기를 마심으로 인해 만성 호흡기질환, 폐질환, 기타 질병이 유발됩니다

성인은 하루 8,000~9,000리터의 공기를 마신다고 합니다. 그러므로 맑은 공기를 마시는 것이야말로 건강의 필수적인 조건입

아황산가스가 건강에 미치는 영향(미국 환경보호국 지침)
(단위: 아황산가스 하루평균ppm, 먼지 마이크로그램/제곱미터)

오염도	영 향
0.57(거친먼지 공존)	사망률 증가
0.19(미세먼지 공존)	사망률 증가
0.27(먼지 750)	매일의 사망률 증가
0.11~0.19(미세먼지 공존)	노인의 입원과 결근 증가
0.27	기관지염 증가
0.04~0.1(먼지 185)	호흡기증상 증가
0.05(먼지 100)	어린이 호흡기질환 증가

(『시민을 위한 환경백과』 226쪽)

니다. 예를 들어 사람이 고농도의 아황산가스에 장시간 노출되면 기관지염, 폐기종, 폐렴과 천식 등에 걸린다고 하며 식물의 경우는 매우 적은 양의 아황산가스라도 닿기만 하면 잎에 황화현상이 일어나 잘 자라지 않으면서 말라죽기 쉽다고 합니다.

또한 일산화탄소는 심장병에 안좋다고 합니다. 그러므로 대기오염이 심각한 겨울날에는 아침운동이 오히려 해가 됩니다. 석탄이나 석유를 난방연료로 많이 사용하는 겨울에는 그만큼 공기중에 아황산가스 등이 많아지는데 먼지와 함께 이들 물질이 땅 가까이에 모여 있다가 기온이 차가워지는 새벽에 공기중의 수증기와 섞여 안개를 만들기 때문에 이것을 마시면 천식, 폐수종 등 호흡기 질환이 생깁니다. 그러므로 겨울철 스모그가 심한 아침에는 조깅이나 체조 등 아침운동을 하지 않는 것이 좋습니다.

2) 대기오염의 원인은 무엇일까요?

1991년도 주요도시에서 내뿜은 대기오염물질은 서울의 경우 일산화탄소가 53만 2천톤으로 가장 많고 그 다음이 질소산화물로 12만 7천톤, 아황산가스 12만 3천톤, 탄화수소 5만 9천톤, 먼지 4만 2천톤이었습니다. 부산의 경우는 일산화탄소가 가장 많아 15만톤, 아황산가스가 9만톤이었으며, 대구, 인천의 경우도 일산화탄소와 아황산가스가 많았습니다.

그러면 도시 대기오염의 주범 중 하나인 아황산가스의 배출원은 무엇일까요. 서울의 경우 연탄난방 때문이 49%, 경유자동차 때문이 13.7%, 공장가동으로 인한 것이 13.1%였습니다. 먼지의 경우는 연탄난방 때문이 56.3%, 경유자동차 때문이 35.5%, 공장가동으로 인한 것이 2.8%였습니다.

한편 자동차가 내뿜는 오염물질은 탄화수소의 66.8%, 일산화탄소의 59.6%, 질소산화물의 50.8%에나 달해 대도시 공해의 주범 중 하나가 자동차임을 알 수 있습니다. 공장의 경우도 아황산가스의 49.3%, 먼지의 37.6%를 내뿜고 있어 아황산가스의 주배출

'91 주요도시별 대기오염물질 배출량 (단위 : 천톤)

	서울	부산	대구	인천	광주	대전
아황산가스	123	90	39	58	17	18
일산화탄소	532	150	100	75	58	49
탄화수소	59	17	11	9	6	5
질소산화물	127	58	28	39	15	14
먼지	42	22	11	10	6	5

아황산가스의 배출원(서울)	
연탄난방	49%
경유자동차	13.7%
공장	13.1%

먼지의 배출원(서울)	
연탄난방	56.3%
경유자동차	35.5%
공장	2.8%

원임을 알 수 있습니다.

이같은 수치에서 볼 때 대기오염을 줄이기 위해서는 대기오염의 원인이 되는 ① 난방으로 인한 오염 ② 자동차로 인한 오염 ③ 공장으로 인한 오염이 제거되어야만 하겠습니다. 이같은 바깥공기의 오염뿐만 아니라 실내에서 대부분의 시간을 보내는 주부들의 경우 이제 실내공기에 대해서도 많은 신경을 써야 합니다. 일반 가정의 실내공기를 조사해보면 바깥공기보다 오히려 오염이 심한 경우가 많다고 합니다.

서구에서는 1970년대 들어 질병의 발생과 실내환경의 상관관계가 주목을 받기 시작했는데 그 이유는 사무실에서 근무하는 사무원

이나 가정주부들이 호흡기질환과 관련된 증상들(예를 들면 두통, 눈과 목이 아프다, 가슴이 답답하다, 재채기가 난다 등)을 호소하기 시작했기 때문이라고 합니다. 그 결과 이들 증상이 실내공기의 오염에 의한 것으로 밝혀져 새로운 문제로 대두되었습니다. 특히 최근에는 아파트 생활이 늘어나다 보니 콘크리트나 단열재를 포함한 각종 건축자재에 관한 오염문제도 심각하게 제기되고 있지만 아직 이에 대한 연구도 미흡하고 위험도에 대한 인식도 부족한 실정입니다.

자주 거론되고 있는 실내공기의 오염원은 담배연기, 가스연소로 발생하는 화학물질, 목욕, 샤워시에 수증기에 포함된 유독성물질, 연탄가스, 쓰레기 등에서 나오는 각종 냄새, 청소시 먼지, 건축자재(벽돌, 시멘트, 석면), 음식조리기구(가스렌지 등), 페인트, 니스, 건물단열재 등입니다.

맑은 공기를 위해 주부들이 해야할 일

다함께 힘을 모아

　대기오염은 앞에서도 보았듯이 자동차나 난방, 공장 등이 주원인이 됩니다. 그 중에서도 최근에는 공장과 자동차가 더 주범이 되고 있습니다.

　때문에 우리들은 공장에서 대기오염물질을 내뿜는 것, 자동차로 인한 대기오염의 원인들을 제거해야 하겠습니다. 그러나 이런 오염원의 제거는 개개인들이 해결할 수 있는 일들이 아닙니다. 대신 정부나 기업에 오염원 제거를 요구하는 실천이 가능합니다.

　이를 위해 우리 주부들이 할 수 있는 일들을 보면

　① 대기오염을 일으키는 공해산업을 지역에서 유치하지 말도록 노

력해야 하겠습니다. 특히 공해산업을 유치하려는 선진외국의 움직임에 대해 항의해야 하겠습니다.

그 동안의 예를 보면 선진외국에서 우리 정부에 압력을 넣어 자기네 나라에서는 공해를 많이 배출해 더 이상 가동할 수 없는 공해산업을 약소국이라는 이유로 넘기곤 했습니다. 그러므로 이제부터는 정부가 이를 받아들이지 않도록 감시해야 할 것입니다.

② 대기오염을 일으키는 업체에 완벽한 공해방지시설이 설치되어 있는지를 철저히 감시해야 하겠습니다. 그리고 만일 있다면 제대로 가동이 되는지를 알아봅시다.

집주변을 살펴 공장을 비롯한 산업시설이나 대기오염을 일으킬 만한 건물(예를 들어 대형 유통업소, 호텔, 목욕업소 등)이 있을 경우 이러한 시설에 어떠한 공해물질이 배출되고 있는지를 반드시 검사받도록 합시다. 그리고 나오는 오염물질이 어떤 것이 있으며, 그 배출물질이 정부에서 정한 배출기준에 합당한지를 알 수 있도록 계기판을 설치하도록 요구합시다. 대기오염에 관한 기준은 환경관계법 중 대기오염물질편을 보면 됩니다.

일본의 경우, 쓰레기 소각로주변에 이와 같은 계기판을 설치하고 있습니다.

③ 만들어낼 때나 사용할 때 대기오염을 일으키는 물질은 생산하지 못하도록 하고 대체품을 개발하도록 요구합시다.

예를 들어 프레온가스가 포함된 스티로폴이나 무스, 냉매제 등은 오존층 파괴의 주범입니다. 그러나 이런 제품은 이미 자동화된 공장에서 생산되어 나온 이상은 쓰지 않을 수가 없습니다. 그러므로 아예 생산을 못하게 하거나, 오염을 일으키지 않는 대체품을 개발하여 대기오염을 일으키지 않을 수 있도록 정부에서 강제해야 하겠습니다.

④ 국가정책 중 녹지면적, 경작면적의 축소를 가져오도록 계획, 실행되는 각종 개발사업 등을 비판하고 중지하도록 요구합시다.

녹지나 경작지가 우리 인간에게 주는 이익은 말할 수 없이 많습

니다. 예를 들어 산림 1 ha에서 연간 대략 16톤의 이산화탄소를 흡수하고 약 13톤의 산소를 생산하여 45명 정도를 1년간 숨쉬게 한다고 합니다. 아울러 울창한 삼림은 강수량의 약 45%를 저장할 수 있다고 합니다. 그러므로 녹지지역(그린벨트)이나 경작면적의 축소를 가져오는 개발계획은 수정되도록 요구하여야 하겠습니다. 특히 울창한 삼림이 있는 지역을 관광단지나 정부산하기관을 짓는다는 이유로 무차별하게 훼손하는 것을 막아야 하겠습니다. 실지로 이렇게 훼손된 자연의 결과 이익을 얻는 사람들은 몇몇을 제외하고는 대부분은 대기오염으로 인한 건강악화 등 부작용을 일으킬 뿐입니다.

⑤ 오염물질이 적은 난방연료를 사용하는 방향으로 정책을 시행하도록 요구합시다.

난방연료는 가능한 한 청정연료(LNG)로 바꾸어야 하겠습니다. 대기오염의 큰 원인 중 하나인 연탄은 서민층에서 경제적인 이유와 주거형태 때문에 많이 때고 있습니다. 이들은 쉽사리 난방연료를 청정연료로 바꿀 수 있는 경제적 여유가 없을 것입니다. 그러므로 정

부에서 정책적으로 적극 보조하여 이들 지역의 청정연료 대체사업을
벌여 연탄으로 인한 대기오염문제를 해결할 수 있어야 하겠습니다.

⑥ 자동차연료의 오염물질을 보다 잘 정제하도록 법제화하고 연
료가 적게 드는 차의 개발에 정부와 기업이 앞장설 것을 요구합시다.

⑦ 무공해차, 무공해에너지 개발을 적극 추진토록 요구합시다.
이는 어느 개인이 할 수 있는 일이 아닙니다. 정부나 자동차 제
조기업 등에서 적극 나서 새로운 무공해차와 무공해에너지 개발을
적극 추진토록 요구합시다.

⑧ 자가용 이용을 줄일 수 있는 정책을 개발, 시행토록 요구합시다.
대도시의 경우 과거와 달리 점점 자동차가 대기오염의 주범으로
등장하고 있습니다. 그러므로 대기오염을 줄이기 위해서는 자동차
가 늘어나는 것을 막는 것이 중요합니다. 그럴러면 자가용을 이용
하기보다는 대중교통을 이용할 수 있도록 해야 하겠습니다.

그러나 대중교통수단을 이용하자고 말은 하지만 쉽고 쾌적하게 이용할 수 있는 대중교통체계가 갖추어져 있지 않을 경우 자가용을 이용할 수밖에 없을 것입니다. 그러므로 대중교통수단을 늘리고 이용이 편하도록 만들어야 하겠습니다.

가) 자전거 이용을 원활히 할 수 있는 교통체계를 만들어야 합니다. 즉 자전거 전용도로를 설치해야 하겠습니다. 지하철역을 목적지로 해서 자전거 도로가 효율적으로 이어지도록 하고 자전거보관소를 많이 확보해야 하겠습니다. 특히 학생들이 등·하교길에 자전거를 안전하게 이용할 수 있도록 학교와 교통당국에 좋은 의견을 건의합시다.

나) 지하철의 환경이 개선되도록 요구합시다. 92년 11월 서울시가 시내 104개 지하철역 중 16개 역을 대상으로 먼지 오염도를 조사한 결과 1호선 시청역을 제외한 모든 역이 환경허용기준(제곱미터 당 연평균 150마이크로그램, 일평균 300마이크로그램)을 최고 2배 이상 초과하였습니다. 이렇게 지하철의 환경이 나빠서는 서민들이 대중교통을 제대로 이용할 수가 없을 것입니다. 그러므로 지

하철의 환기시설을 점검하고 지하철역마다 환경기준치 내로 오염물질이 통제되고 있는지를 알아볼 수 있는 측정표지판을 게시하여 오가는 서민들이 항상 보고 감시할 수 있도록 해야 하겠습니다.

⑨ 대기오염예보제의 실시를 요구합시다.

오염도가 높은 날 잠깐만 운동을 해도 호흡기 질환에 걸릴 수 있음은 앞에서 말한대로 입니다. 그러므로 국민보건의 차원에서 대기오염예보제를 실시해 오염이 심한 날에는 어린이와 노약자가 운동을 하거나 장기간 오염된 공기를 마시지 않도록 해야겠습니다.

일본에서는 예를 들어 오존농도가 0.24ppm에 이른다든지 하면 '대기오염이 심한 날' 이라는 경보를 발하고, 0.12ppm에 이르면 주의보를 내려 노약자의 외출을 삼가게 하거나 자동차 운행과 오염물질 배출업소의 조업통제 등 긴급보건대책을 강구한다고 합니다.

⑩ 실내공기오염에 대한 연구를 요구합시다.

하루종일 실내에서 생활하는 주부나 학생, 회사원들의 건강을 위

해 실내공기오염에 대한 연구를 요구해야 하겠습니다. 예를 들어 건축자재에 포함되어 있는 석면, 라듐, 포름알데히드 등은 인체에 어떤 영향을 미치는지, 적정한 기준치는 세워져 있는지, 기준치 이상의 실내오염을 해결하는 방법, 무공해 대체물질은 없는지 등을 연구하여 개선책을 마련하도록 건설부, 보건사회부 등에 요구합시다.

⑪ 보통 차에 비해 훨씬 많은 대기오염을 일으키는 디젤자동차의 매연방지책을 제시할 것, 그리고 디젤자동차의 증가요인이 되는 현행자동차세를 개정할 것을 요구합시다.

92년 독일내 각 주(州) 환경부가 공동운영하는 배기가스규제위원회(LAI)는 충격적인 연구보고서를 내놓았습니다. 그 내용은 독일내 전체 암사망자의 2%가 차량배기가스의 공해물질이 발병원이라는 것, 그리고 이 배기가스에 의한 암유발빈도 중 디젤자동차가 차지하는 비율은 교통밀집도심의 경우 전체의 2/3선에 이른다는 것이었습니다.

이를 확률로 따지면 매년 도시거주인구 10만명 당 50명이 디젤

매연에 의해 암에 걸리는 것으로 나타난 것입니다. 디젤엔진의 불완전연소로 인해 배출되는 매연에는 1천여 가지의 공해물질이 평균 0.3마이크로미터(1천분의 1밀리미터) 크기의 미세한 입자형태로 섞여 있다고 합니다. 이 매연입자들은 대기 속에서 서서히 가라앉아 인체에 흡입되며, 이 중 절반정도만 호흡을 통해 다시 배출되고 나머지는 허파에 박혀 장기적으로는 수십년 후 폐암을 유발한다는 것입니다.

특히 문제가 되는 것은 디젤자동차를 위한 배기가스정화장치가 없는 데다 매연배출규제조차 느슨하다는 점입니다. 우리나라의 경우 디젤자동차의 세금이 일반 자동차보다 현저히 싼 관계로 디젤차가 늘어가고 있는 추세이므로 디젤자동차의 증가요인이 되는 현행 자동차세를 개정하여 공해유발비용의 분담차원에서 더 높은 세금을 매기도록 해야 할 것입니다. 아울러 디젤엔진의 환경기준을 강화하고 저공해 연료의 보급을 확대해야 하겠습니다.

나부터 열심히

① 실내공기를 맑게 하기 위해 노력해야 하겠습니다.

실내공기의 오염을 줄이는 제일 첫 노력은 자주 환기하는 것입니다. 그리고 실내에서는 담배를 피우지 맙시다. 또한 실내장식이나 건축재는 오염이 적은 것으로 선택해야 하겠습니다. 머리를 아프게 할 수 있는 방향제 대신 마른 꽃을 이용하는 것도 하나의 방법입니다.

② 자동차매연을 줄이기 위해 노력해야 하겠습니다.

가) 자동차를 살 때는 꼭 필요한지를 따져보고 되도록 소형차를 삽시다. 국립환경연구원 부속 자동차공해연구소가 92년 운행중인 국산과 외제승용차를 대상으로 한 조사에 의하면 1km를 달릴 때 내뿜는 탄산가스의 양은 배기량 796cc의 티코가 90.1g으로 조사 대상 가운데 가장 적었으며 배기량 2,972cc의 그랜저 3.0은 이보 다 3배 이상 많은 298.1g으로 국산 승용차 가운데 가장 많았습니

다. 외제차로는 배기량이 6,748cc, 무게가 2.6t인 롤스로이스 실버스타가 553.8g으로 최고를 기록했습니다. 이로서 소형차보다 대형차나 외제차가 오염물질을 더 많이 배출함을 알 수 있습니다. 그러므로 되도록 소형차를 삽시다. 특히 디젤차는 많은 오염을 일으키므로 사지 맙시다.

나) 자동차를 타기 전에 꼭 타고 가야 할 곳인지 다시 한번 생각합시다.

또한 여럿이 함께 타고 갈 수 있는지도 생각해 봅시다. 동네 이웃들과 시장이나 백화점에 물건을 사러 간다면 날짜를 서로 맞추어 같은 날 5명이서 함께 타고 갑시다. 출퇴근하는 남편의 직장과 같은 방향의 이웃이 있다면 카풀을 적극 조직해보면 어떨까요? 이웃 간에 서로 사귀는 기쁨이 생깁니다.

다) 교통체증이 심한 곳을 갈 때는 차를 두고 대중교통수단을 이용합시다.

자동차 운전자는 보행자에 비해 같은 시간에 최고 4~5배에 이르는 매연, 분진, 중금속 및 각종 공해가스를 흡입하게 된다고 합

니다(베를린자유대학 보건학연구소의 실측실험결과).

그리고 교통체증이 심할수록 연료의 불완전연소와 연료소비량의 증가에 따른 배기가스의 오염물질 배출이 크게 늘어납니다. 무연휘발유를 사용하는 일반자동차의 경우 주행속도가 50km일 때와 비교하여 10km 이하로 떨어질 때 탄화수소와 질소산화물 등 각종 오염물질배출량이 2배 이상, 최고 4배까지 증가하는 것으로 나타났습니다(92년 국립환경연구원 발표, "자동차의 평균속도와 배기가스량의 상관관계에 대한 연구"). 그러므로 교통체증이 심한 곳을 갈 때는 대중교통수단을 이용합시다.

③ 대기오염을 줄이기 위해 노력합시다.

프레온가스가 들어 있는 제품을 쓰지 맙시다. 무스, 스프레이, 방향제 등 분무식제품에는 프레온가스가 들어 있습니다. 제품 뒤에 cfc나 프레온가스를 사용했다는 표시가 있는지 반드시 살펴보고 프레온가스를 쓴 경우 사지 맙시다. 또한 스티로폴을 사용한 제품을 사지 맙시다.

2

화|장|대|앞|에|서

주부들의 실천

1. 화장을 통한 멋내기보다 내면의 아름다움을 가꿉시다.

1. 화장품의 독성에 대한 연구를 요구합시다.

1. 화장품에 대한 성분표시를 제대로 하도록 요구합시다.

1. 천연화장품을 개발하여 사용합시다.

화장품의 정체

1. 화장품, 알고 바릅시다

요즘 어느 때보다 주부들이 미용에 많은 관심을 가지고 있습니다. 실제로 각종 문화센터나 교양강좌에서 화장술을 배우는 메이컵 강좌가 성행하고 있고 그 덕인지는 몰라도 화장을 멋있게 하려고 노력하는 사람들이 점차 늘어가고 있는 것 같습니다.

그러다 보니 자연 화장품을 여러 종류 갖추어 놓고 바르게 되고 과거보다 진하게 화장하는 사람들이 많아지고 있습니다. 그러나 우리 주부들은 여기서 몇가지 생각해보아야 하겠습니다.

우선 화장품이 과연 피부에 좋기만 한가 하는 것입니다. 그 다음으로는 과연 화장을 해야지만 아름다운가 하는 것입니다.

요즘 거리를 지나다보면 왜 그렇게 똑같이 생긴 사람들이 많을까요? 최근에 메이크업 기술이 많이 보급되다 보니 모두 비슷한 요령

으로 입술화장, 눈화장들을 하기 때문입니다. 그러니 아름다워지려고 한 화장이 개성 없는 똑같은 얼굴을 만들어내는 결과가 된 것입니다.

한편에선 여성의 성을 상품의 도구로 이용하는 것에 대한 비난이 높아지고 있습니다. 여성을 성적인 대상, 얼굴이 예쁜가 아닌가로만 파악하려는 경향에 대해 옳지 않다고 생각하는 것이지요. 이러한 때 과연 화장을 통해 자신의 얼굴만 가꾸는 것이 옳은지 생각해 보아야 하겠습니다.

또, 다른 공해와 달리 화장품 공해에 대해서는 잘 알려져 있지 않지만 우리 주부들은 특히 조심해서 이 부분을 알아두어야 할 것입니다. 실제로 화장품에 따라서는 매우 독성물질이 강한 원료를 사용하기도 합니다. 그래서 외국에서는 "화장품을 바르는 것은 날마다 피부에 발암물질 실험을 하고 있는 것이다라고 해도 과언이 아니다"고까지 극단적으로 말할 정도입니다.

2. 과연 무엇이 들었을까?

그러면 과연 화장품에는 무엇이 들었을까요? 화장품은 가장 기본이 되는 기름(油性)성분과 유화제(乳化制), 색소, 안료, 향료, 방부살균제, 산화방지제 등을 섞어 만듭니다. 하나하나의 성분을 살펴봅시다. [*]

1) 기름성분

화장품을 구성하는 주(主)요소 입니다. 기름성분은 크림류, 로션, 립스틱, 마스카라, 파운데이션, 샴푸 등에 거의 빠지지 않고 들어갑니다.

기름성분을 만드는 주재료는 천연재료로서 식물성, 동물성유지나 라놀린, 로우(고급지방산과 고급 알콜의 에스테르)가 있습니다.

---

[*] 이하 화장품의 성분에 대해서는 西岡一 지음, 『당신의 화장품 독성 핸드북』 (클래스생활과학부, 1992)을 참조했습니다.

이들은 천연성분이긴 하지만 라놀린처럼 접촉성 피부염이나 알레르기성 피부염을 일으키기도 하는 등 완전히 안심할 수 없습니다. 석유에서 채취한 유동파라핀도 기름성분의 한 재료로 쓰는데 이 성분은 피부를 자극하여 습진을 생기게 합니다. 발암성이 있지 않나 의심되고 있고 실제 파라핀암이라는 이름도 붙여져 있다고 합니다. 불순물로 강발암물질인 3～4벤트필렌이 함유되어 있는데 그것이 원인이 아닌가 추정됩니다. 기타 재료 중 지방산 에스테르, 고급 알콜류들은 비교적 독성이 약하다고 합니다.

한편 기름성분에서 문제가 되는 것은 산패입니다. 기름성분은 시간이 지나면 산화되어(산패) 이상한 냄새를 풍긴다든지 변색하는데 햇볕을 쬐거나 습도로 인해 이 반응이 점점 강하게 진행됩니다. 이렇게 산패되었을 때 생기는 것이 과산화물인데 피부의 일차 자극물질이 되는 것으로 알려져 있습니다. 예를 들면 리놀레인산 과산화물을 건강한 피부에 바르면 강한 염증이나 부종, 붉은 반점이 생긴다는 보고가 있는 것이지요. 또 최근 과산화물(과산화지질)의 존재가 발암과 관계있다고 일컬어지고 있습니다. 때문에 산패를 막기 위해 산화방지제나 살균제를 사용하게 되는데 이것이 또다른 독성을 일으킵니다.

2) 유화제

기름성분을 물처럼 잘 풀리게 하거나 끈적끈적한 크림상태로 만드는 것을 유화제라 합니다. 종류로는 계면활성제, 습윤제, 분산제, 희석제, 보습제, 기포제, 소포제 등이 있습니다.

계면활성제는 보통 화장품의 5~8%를 차지합니다. 합성세제의 원료이기도 한데 계면활성제를 사용하다 보니 피부가 거칠어지거나 습진의 원인이 되는 까닭으로 연구가 진행중입니다. 연구에 따라서는 피부에서 지방을 빼가는 작용이나 각질단백질을 변화시켜 버리는 성질이 있다고 알려져 있습니다. 또한 이 성분이 몸 속에 흡수되면 간장장애를 일으키기도 합니다.

용제, 습윤제 역할을 하는 글리세린은 크림에 쓰이는데 고농도일 경우에는 점막에 자극을 줍니다.

유화제, 분산제, 습윤제, 희석제로서 근년에 들어와서부터 많이 사용되고 있는 트리에타 노르아민은 피부, 점막, 눈을 자극해 쉽게 인체에 흡수된다고 알려져 있습니다. 또한 이 물질에 발암성이 있다는 보고도 있습니다.

크림, 화장수, 입술연지 등의 보습제, 계면활성제로 사용되고 있는 폴리에틸렌 크리콜로는 발암성의 의혹이 제기되고 있습니다.

알콜벤젠소르본산나트륨(abs)은 합성세제의 주원료로 독성이 심하다고 알려져 있는데 화장품에 사용될 경우 지방을 제거해버리고 피부장애의 원인이 된다는 의혹이 있습니다.

유화제의 경우 피부독성은 비교적 약하지만 개중에 발암성을 의심할 만한 것이 있으므로 주의해야 합니다.

3) 얼굴을 변화시키는 '색소'

화장품에 색소는 필수적입니다. 색소가 쓰이는 곳은 립스틱, 볼터치, 마스카라 등 헤아릴 수 없이 많습니다. 보통 '색조화장품'에는 거의 다 들어 있지요. 그 중에서도 가장 눈여겨 보아야 할 것이 '타르색소'의 독성입니다.

일본 화장품에 사용되는 타르색소

종 류	색 소 명	수
아소계	적색 1호, 2호, 4호, 5호, 10호, 102호	33
키산친계	적색 3호, 103호, 104호, 10호	23
트리코니메탄계	녹색 1호, 2호, 3호 등	10
안트라키논계	청색 204호, 403호 등	6
피라소론계	황색 4호, 224호 등	4
기타	청색 2호, 황색 1호 등	14
		계 90

색소는 보통 석유타르에서 분리, 합성시키는데 일본의 경우 화장품에는 약 90여 종이 사용된다고 합니다. 이 가운데 12종은 식품 첨가물로 허가되어 있는 것입니다. 바꿔 말하면 남은 79종은 식품 첨가물로는 금지되어 있는 것이지요. 그 이유는 대부분 이런 색소들이 발암성이나 간장부종의 원인이라고 알려져 있기 때문입니다.

식품에는 안되는 것이 화장품에는 괜찮을 수 있을까요? 어떤 사람들은 먹는 것이 아니고 곧바로 씻어내거나 날아가 버리므로 안전하다고 생각할지 모릅니다. 그러나 립스틱을 바른 후 그것을 닦아내고 음식을 먹는 여성은 거의 없습니다. 또한 혀로 입술을 핥는 경우도 많기 때문에 이런 과정을 통해 상당량의 색소가 체내에 축적됩니다. 또한 발암성이 있는 색소일 경우 이런 약물을 매일같이 바르면 거의 피부에 발암실험을 하고 있다 해도 과언이 아니므로 낙관할 수 없습니다.

타르색소 중에도 아소색소, 적색 219호는 안면 흑피증(黑疲症)

의 원인이 된다고 합니다. 특히 타르색소는 햇빛을 받으면 광독성
을 나타내므로 낮에 주로 화장을 하는 점을 감안하면 매우 위험하
다고 할 수 있습니다.

한편 국제소비자연맹(IOCU)이 우리나라 소비자단체인 '소비
자문제를 연구하는 시민의 모임' 에 보낸 색소 중 발암물질은 적색
203호, 적색 204호, 적색 213호, 오렌지 203호 등입니다. 미국
식품의약국(FDA)은 이들을 발암물질로 규정하여 88년 7월 15일
부터 전면사용금지령을 내렸으나 현재 우리나라에서 유통중인 립
스틱, 볼연지 등 일부 화장품에선 아직도 버젓이 사용되고 있다고
합니다.

4) 안료

안료는 그림물감이나 크레파스의 원료가 되는 것으로 납, 산화철,
카드뮴 등의 금속화합물입니다.

안료의 독성은 안료 성분내에 아연이나 수은, 크롬 등의 불순물
이 들어 있을 경우 생기는데 강한 독성이 있어 외국의 경우 사용한

일본 화장품에 사용하는 향료의 배합비율

종류	화장품명	향료
프래그란스	향수	15~20%
	오데코롱	3~6%
기초화장품	콜드크림	0.3~0.6%
	화장수	0.1~0.3%
메이크업화장품	파운데이션	0.5~1%
	립스틱	0.5~1%
두발용세제	헤어토닉	2~3%
	샴푸	0.5~1%
	린스	0.5~1%
	포마드	3~5%

사람이 중독사한 사례도 있습니다.

5) 향료

향료는 화장품성분에서 생기는 불쾌한 냄새를 없애주고 사용시 좋은 냄새가 나게 하는 것입니다. 화장품에 사용하는 향료에는 크게 천연향료와 합성향료가 있는데 천연향료는 고가여서 보통화장품에는 잘 쓰이지 않고 20세기 들어 합성화학이 발달하면서 약4,000종의 화학합성 향료가 사용되고 있습니다. 이런 합성향료는 단일품목으로 쓰이는 게 아니라 몇가지를 배합하여 값이 비싼 향료에 유사한 향을 합성하는, 말하자면 향을 위조하여 사용하고 있습니다.

이러한 화학물질은 때로 피부를 자극한다든가 알레르기의 원인이 됩니다. 최근, 저자극성 화장품이 개발되고 또 비싸게 팔리는 이유도 여기에 있습니다. 그러나 화장품에 사용되는 향료를 조사하는 것은 쉽지가 않습니다. 점차 그 수가 많아지고, 조금씩 복잡하게 배합해서 쓰기 때문입니다. 그러므로 단순히 성분표시에 향료라고만 표시할 것이 아니라 피부장애를 방지하기 위해선 섞어놓은 향료에 대해 성분표시를 하여야 할 것입니다. 아울러 천연향료를 사용하는 경우도 과연 어떤 천연향료를 쓰고 있는지, 또 실제 몇%나 들어있는지 표시해야 할 것입니다.

6) 방부제, 살균제

화장품의 원료인 크림이나 유액 등은 매우 부패하기 쉽습니다. 기름성분이 유화하면 박테리아나 곰팡이들이 살기 쉽게 되기 때문입니다. 보통 화장품 메이커들은 공장에서 대량으로 만들어진 화장품이 화장품점에서 오랜 시간 진열해 두어도 상하지 않게 할 필요가 있어 살균제, 방부제를 서슴없이 넣습니다. 실제로 일본에선 식품첨가물로는 금지되어 있지만 화장품에는 사용되는 방부제, 살균제 중 살리칠산, 페놀, 크레졸, 레졸신 등이 거의 9할 이상이라고 합니다.

또한 베이비오일이나 베이비파우더 등 아기들 용품이나 샴푸, 비누 등에 살균제로 쓰이는 헥사클로로펜은 피부과민증이나 안면색소 침착을 생기게 한다고 하여 미국에서는 금지되고 있습니다.

특히 살균제는 화장품을 바르고 나서 우리가 흔히 느끼는 가려움증의 부작용을 일으킬 수 있습니다.

7) 산화방지제

화장품이 장기간 보관되거나 용기의 뚜껑을 열고 사용되는 사이에 기름성분이 공기중의 산소에 의해 산화됩니다. 그러면 과산화물이 생기는데 악취가 나기 때문에 상품가치가 없어지게 됩니다. 뿐만 아니라 최근 이 과산화물의 독성이 주목을 끌고 있으며 그 독성은 앞의 산패에서 이야기한 바와 같습니다. 타르색소, 천연색소도 빛에 바랜다든가 공기중의 산소와 반응하면 서서히 색이 바래지는데 이것도 일종의 산화라고 할 수 있습니다.

이러한 산화를 방지하기 위해서 산화방지제가 쓰여집니다. 많이 쓰여지는 것으로 BHT(부틸히드록시톨루엔), BHA(부틸히드록시아니솔)가 있는데 이 두 물질은 과산화물의 생성을 막기 위해 작용하는 과정에서 피부염이나 과민증을 일으킨다고 알려져 있습니다. 특히 BHA는 일본에서 동물실험을 한 결과 1980년 발암성이 있다는 것이 확인되었습니다. 따라서 일본 후생성은 식품첨가물로는 사용하는 것을 금하고 있지만 화장품에는 아직까지 사용되도록 두고 있다고 합니다. 우리나라에서도 BHA, BHT의 독성이 많이 지적되고 있습니다. 그러므로 이런 성분이 들어간 화장품의 안전성이 의심되는 것이지요.

한편 산화방지제 중 토코페롤은 비교적 독성이 적다고 합니다.

8) 특수성분

보통 화장품에 특수한 성분을 넣어 특별한 효과가 있다고 선전하는 화장품들이 있습니다. 예를 들면 호르몬화장품이 그것입니다. 에스트로겐, 난포호르몬, 에스트라지올, 에칠에스트라지올 등 호르

몬이 들어 있는 화장품이 노화를 방지한다고 선전되며 나오고 있습
니다. 그러나 미국의학협회에서는 이런 성분에서 노화방지의 효과
를 기대할 수 없다고 판정하였습니다.

 또한 일반적으로 호르몬은 약리작용이 상당히 큰 의약품으로 강
한 부작용을 일으키기도 합니다. 특히 합성호르몬은 발암성이 있다
고 알려져 있습니다. 때문에 강한 생리작용을 지닌 이런 성분을 잘
못 사용할 경우 의외로 큰 부작용이 있을 수 있습니다. 그러므로 부
작용이 정확히 밝혀지지 않은 채로 이런 성분을 화장품에 사용하지
말도록 규제해야 할 것입니다.

 또한 태반엑기스제품을 바르는 사람도 많이 있습니다. 소나 사
람의 태반에서 추출한 엑기스가 피부에 영양을 준다는 이유로 화
장품에 사용되고 있는 것입니다. 그 근거가 미약하고 선전만큼 효
과가 없다고 하므로 이런 식의 특수성분을 너무 믿지 말아야 하겠
습니다.

2. 수입비누의 허구성

'도브 — 건조해지지 않습니다.' 요즘 TV의 이 광고를 보고 있
노라면 누구나 한번쯤은 써보고 싶어질 것입니다. 보통사람들을 출
연시켜 "당김도 없고 촉촉하여 10년쯤 젊어진 것 같다"고 이야기
하는 수입비누, 하지만 과연 품질은 어떨까요? 실제 선전만큼의 효
과가 있을까요? 결론은 아니라는 것입니다.

시중에서 많이 사용되고 있는 수입비누는 도브 말고도 살구색 용
기에 담긴 애프리코트 스크럽, 쟈스민, 실키 페이셜 워시, 애프리
코트 페이셜 스크럽 등이 있습니다.

그런데 1991년에 소비자보호원은 '도브', '뉴트로지나' 등 수입
화장비누 25개와 국내외 스크럽세안제 24개 제품을 대상으로 조사
를 실시하였습니다. 그 결과 25개 수입화장품 중 미국산 5개 제품
에서 피부손상의 우려가 높은 계면활성제인 AS, LAS 성분이 최
저 2.2%에서 최고 2.5%까지 검출되었습니다.

실제 미국산 5개 제품에서 검출된 AS, LAS는 국산화장비누 회

수입화장품의 AS, LAS성분 함유율

제 품	AS	LAS
도브		3.8%
쟈스민	2.2%	
애프리코트 스크럽	2.9%	
실키 페이셜 워시	5.2%	
애프리코트 페이셜 스크럽	3.3%	

사에선 거의 사용하지 않는 것입니다. AS, LAS를 사용한 비누는 순비누분을 원료로 한 비누에 비해 세척력이 우수해 웬지 개운한 느낌이 들기도 하지만 피지분비가 활발한 서구인의 체질에 맞추어 만든 비누이므로 동양인의 피부엔 맞지 않다고 합니다. 또한 일본의 한 동물실험 결과에 의하면 10% 이상의 AS, LAS를 동물의 피부에 바른 후 24시간 두었을 때 홍반이나 피부염 등 피부자극현상이 나타났다고 합니다.

때문에 전문가들에 의하면 외국산 화장비누보다는 한국인의 피부 특질에 맞게 만들어진 국산비누를 쓰는 것이 가장 안전하다고 합니다.

3. 화장품 부작용의 실례

화장품의 성분이 이처럼 생각보다 심각한 독성들을 갖고 있다 보니 화장품으로 인한 부작용도 많습니다. 그 사례로, 미백화장품의 부작용을 들어봅시다.

일반 피부질환과 달리 기미, 주근깨는 완치를 기대하기 힘들어 여성들에게 여간 고민거리가 아닙니다. 이에 따라 일부 여성들 중에는 보사부의 허가를 받아 적법하게 제조하는 화장품이 아닌 미용실이나 피부관리소, 수입상가 등에서 권하는 미백화장품을 구입, 사용하다 부작용을 겪는 경우가 많습니다. 미백크림을 바르면 피부가 신기할 정도로 금세 하얗게 변하지만 하루라도 바르지 않으면 다시 원래대로 기미가 나타난다든지 피부가 검게 된다고 합니다.

소비자보호원의 조사에 따르면, 현재 국내에서 생산되는 미백화장품의 시장규모는 연간 50억원 정도로, 보사부가 91년 5월 당시 시내 유명 미용실과 남대문 지하상가 등에서 사용, 또는 판매중인 19종의 미백화장품을 수거하여 테스트한 결과 이들 대부분이 불법으로 제조된 무허가제품 또는 가짜 외제화장품들로 7개 제품에서 수은이 다량 검출되었습니다. 예를 들어 가짜 외제화장품인 '드루라', '다링도터' 등 6종의 크림에서는 2,295∼166 ppm의 수은이 검출되었습니다.

중금속인 수은은 성분 자체가 갖는 특성으로 인해 피부를 하얗게 하는 효과를 지닙니다. 즉 수은이 피부에 닿으면 피부에 침착된 멜라닌 색소가 엷어지는 효과가 나타나는 것입니다. 수은이 인체에 접촉되었을 때 나타나는 대표적인 부작용은 피부 및 피부점막의 부식, 피부의 회색침착, 알레르기성 접촉피부염, 홍반 등이며 잦은 사용으로 만성화될 경우 복통, 구토, 설사, 요독증이 나타날 수도 있는 것으로 알려져 있습니다.

그러므로 미백화장품의 경우 '수은' 성분이 들어 있는지를 반드시 살펴보고 사용해야겠습니다. 특히 성분표시가 불분명하고 문의해볼 수도 없는 외제 미백화장품을 사용할 경우는 위험하다 하겠습니다.

바른 화장을 위해 주부들이 해야 할 일

앞에서 우리는 화장품의 독성을 보았습니다. 그러므로 이제 우리는 화장품의 독성을 줄이고 올바르게 화장할 수 있도록 노력해야 하겠습니다. 이 장에서는 그와 같은 주부들의 노력을 실어보았습니다.

화장품의 독성을 가능한 한 피해가면서 바르게 화장하는 방법은 무엇일까요? 제일 좋은 것은 화장을 하지 않는 것, 특히 색조화장을 되도록 피하는 것입니다. 그럴려면 화장을 하지 않아도 아름다울 수 있는 자신감 등 무엇인가 내면적인 것을 가지고 있어야 하겠지요.

그 다음으로는 화장품을 현명하게 사용하는 것입니다.

세번째로는 화장을 전혀 안할 수 없는 경우 이왕이면 천연화장품을 사용하는 것입니다.

1. 새로운 미의 기준을 가집시다

아름다워지고 싶은 것은 모든 사람들의 본능일 것입니다. 하지만 그 방법에 있어 왜 하필이면 화장이어야 할까요? 그것도 꼭 여자에게 있어서만. 한 사회의 미의 기준이 건강한 사람, 열심히 자기 일을 하는 사람 — 인공적이고 화려한 것보다는 자연스럽고 꾸미지 않은 소박한 것 — 들을 아름답다고 여기는 분위기라면 그토록 비싼 화장품을 사서 몇시간씩 바르는 번거로움과 낭비에서는 벗어날 수 있지 않을까요?

여자의 화장이 남에게 잘 보이기 위해서 하는 측면이 많다고 한다면 이 역시 여성들이 외모로만 평가받겠다는 가치기준을 갖고 있는 셈이므로 여성 스스로 자기자신을 비하하게 되는 것은 아닌지 곰곰히 생각해 봅시다. 그러나 화장을 하지 않으면 예의가 아닌 것처럼 생각하는 분위기가 한편에선 있으므로 화장을 안하면서도 아름다우려면 새로운 미의 기준을 제시하고 모두 그것을 지키기 위해 노력하는 여성들의 노력이 있어야 할 것입니다. 때문에 우리 주부들은 화장에 의존하지 않는 건강한 내면의 아름다움을 더 소중히 여기는 생활을 개척해야 하겠습니다.

눈, 코, 입이 아름다운 것도 중요하지만 훌륭한 성격을 갖고 있는 사람, 자기성취욕 등 의욕이 강한 사람, 매사에 열심히 노력하는 사람, 생활의 지혜가 뛰어난 사람 등 각자 갖고 있는 내면의 개성을 보고 아름답다고 이야기하는 습관을 가집시다.

현대는 아름다움도 돈에 의해 많이 좌우됩니다. 소위 세련미가 넘치려면 그만큼 돈이 들어가고 빨리도 변하는 유행을 쫓아갈 수 있는 것은 돈의 힘밖에 없는 것입니다. 그러므로 외면의 아름다움, 세련됨을 찾기보단 자신만이 갖고 있는 내면의 개성으로 아름다움을 표현하려는 당당함이 있어야 하겠습니다. 무엇보다도 화장품의 독성을 알고 난 이상 예전처럼 화장에 의존하지 않게 될 것입니다.

또 하나 건강에 이상이 있을 경우는 아무리 화장을 잘 해도 화장도 안먹을 뿐만 아니라 아름답지 않습니다. 그러므로 고른 영양섭취와 운동, 건강점검을 통해 천연의 아름다움을 갖도록 노력합시다. 언제나 자신의 일에 충실하고 당당한 여성이 진정 아름다운 여성으로 인정받도록 미의 기준을 바꾸는 데 앞장서야겠습니다. 우리 모두 다짐해 봅시다. 고른 영양섭취와 운동으로 건강미를 가꾸자, 외모보다는 성격, 성실함, 노력하는 모습 등을 가진 사람을 미인이라고 부르자고.

2. 화장품을 현명하게 사용합시다

화장품의 독성으로부터 피부를 지키려면 화장을 안하는 것이 가장 좋지만 만일 하더라도 현명하게 합시다.

① 화장을 시작하는 시기는 되도록 늦추는 것이 좋습니다. 그만큼 화장품의 독성에 덜 노출되기 때문입니다.

② 화장품은 되도록 적은 양을 바르고 사용하는 제품의 가짓수도 적게 합니다. 지나치게 많은 화장품을 사용하면 피부가 화학물질의 작용에 부담을 받아 내성이 줄어들게 됩니다. 원래 피부도 살아 있는 것이기 때문에 외부작용에 일정하게 저항력을 갖고 있습니

다. 그런데 화학물질을 자꾸 바르면 그 저항력과 조절력이 떨어져 더 많은 화장품을 계속 요구하게 됩니다.

③ 화장시간은 되도록 짧게 합시다.

④ 화장 후에는 반드시 잘 씻도록 합시다. 특히 자기 전에는 반드시 씻어야 합니다.

⑤ 화장품을 사용하다 피부에 이상을 느끼면 즉시 중단하고 전문의사에게 상담을 합시다. 화장품가게나 화장품회사 직원에게 상담하면 그들은 또다른 화장품이나 약용크림의 사용을 권할 수도 있기 때문입니다.

⑥ 화장품의 선택시 제조일자가 표시된 제품을 고르고, 제조일자로부터 3개월 된 제품은 아깝더라도 사용치 않는 것이 좋습니다.

⑦ 현란한 광고에 속지말고 되도록 많은 첨가물이 사용되지 않은 천연제품을 고르도록 합시다. 첨가물이 많을수록 독성은 상승됩니다. 그러므로 성분표시를 검토하고 사는 습관을 기릅시다.

⑧ 건강한 식생활을 통해 피부를 가꾸도록 합니다.

동양인은 서양사람들에 비해 세포조직이 치밀해 피부가 쉬 늙지

않는다고 널리 알려져 있습니다. 이는 특히 야채를 많이 섭취하고 기름진 음식을 즐기지 않는 식생활, 일광욕 등 햇빛을 별로 좋아하지 않는 특성 때문이라고 합니다. 그러므로 싱싱한 야채, 과일을 많이 섭취하여 고른 음식섭취로 피부건강을 지킵시다.

3. 천연 화장품을 씁시다

요즘 시판 화장품의 독성이 속속 들어나면서 집에서 직접 화장품을 만들어 쓰는 사람들이 늘고 있으며 천연화장품을 만드는 곳도 늘고 있습니다. 또한 무공해 식품을 먹듯이 자연화장품 동우회도 생겨나고 있습니다.

1) 천연마사지 방법
① 마늘꿀팩
재료 : 마늘 150g, 꿀 200g, 우리밀가루 2~3작은술, 과일즙

30ml, 오일 2~3방울

만들기

가) 통마늘을 꿀에 재워 음지에 1~3개월 보관한 것을 밀가루와 과일즙을 혼합해서 갭니다(마늘의 건더기는 넣지 않습니다).

나) 건성피부일 경우는 오일을 2~3방울 첨가해 잘 혼합해서 사용합니다.

효과 : 마늘에는 수분 77%, 당질 20%, 단백질 1.3%, 그밖에 무기질, 인 등이 들어 있어 피부를 촉촉하게 유지시켜주며 주름살 예방에도 효과가 좋습니다. 밀가루가 들어 있어 약간의 표백효과가 있으며 일주일에 1회 정도 하면 좋습니다.

사용방법 : 마늘과 꿀을 재워놓고 팩을 할 때마다 밀가루와 과일즙을 넣어 혼합해서 사용합니다.

② **한방팩**

재료 : 감초 10cc, 천연요구르트 20cc

만들기

가) 감초를 팔팔 끓입니다.

나) 감초 끓인 물에 천연요구르트를 혼합해서 젓습니다.

사용방법 : 눈, 입 주위를 제외하고 얼굴과 목을 붓으로 바른 뒤 가제를 덮고 그 위에 덧바릅니다. 팩시간은 15 ~ 20분이 적당 . 약용으로 마실 수도 있습니다.

③ 인삼꿀팩

재료 : 인삼 100g, 꿀 200g, 밀가루 2~3 작은 술, 레몬즙 20ml

만들기 : 꿀에 재워둔 인삼즙에 밀가루와 레몬즙을 혼합해서 사용합니다.

효과 : 꿀에 니코틴산과 각종 비타민이 많이 들어 있기 때문에 여드름, 기미, 겨울에 피부 튼 데, 주근깨, 햇빛에 탄 데 등에 효과가 있습니다.

④ 요구르트 사용

무더운 여름철에는 땀이 나기 쉽습니다. 그럴 때 땀을 손수건 등으로 세게 문질러 닦아내는 것은 나쁘다고 합니다. 화장용 수건을 접어 찬물에 적신 다음 꾹꾹 눌러줌으로써 피부의 균형이 깨지지 않게 해야 합니다. 그리고 뜨거운 햇빛에 장시간 노출되어 얼굴이 달아 있을 때는 아무것도 가미하지 않은 요구르트를 화장솜에 적셔 15분간 얼굴 위에 얹어놓으면 열기가 가시고 피부도 안정됩니다.

⑤ 꿀 사용

피부가 건조해졌을 때는 세수할 때 꿀을 사용하면 좋습니다. 화장을 먼저 지운 다음 꿀을 가볍게 마사지하듯 바르고 나서 물로 씻어내면 피부가 한결 부드럽다고 합니다.

2) 자연비누 만들기

재료 : 밀가루 1홉, 녹두가루, 팥가루, 다시마가루 각 1/3홉씩, 감초가루 1/5홉의 비율

만들기 : 이들 가루를 바짝 마른 상태에서 분말기에 곱게 갈아 사용합니다.

사용방법 : 세수할 때 가루를 적당량 손바닥에 덜어 물에 개어 비누세수하듯이 합니다. 화장을 했을 때는 두 번 정도 되풀이합니다. 변질되지 않도록 양을 적게 만들고 냉장고에 보관해서 쓰는 것이 요령.

효과 : 자연비누는 여러가지 곡류에 들어 있는 사포닌, 레시틴, 염증방지제 등이 피부 노폐물을 없애주는 동시에 수분과 영양을 보충해 주어 효과가 좋습니다.

3) 피부를 곱게, 소금미용법

죽염은 예로부터 우리 민간요법과 한방요법에서 각종 질병에 효험이 있는 것으로 알려져 왔습니다. 죽염이란 대나무 마디 속에 바닷물에서 건져 햇빛에서 건조시킨 천일염을 넣고 입구를 진흙으로 발라 섭씨 1천도 이상에서 아홉 번 이상 구워낸 것.

소금미용법은 다양합니다. 비누세안을 마친 후 찻숟가락의 반 정도 분량의 생염을 손바닥에 놓고 얼굴에 골고루 펴서 마사지하듯 문지른 다음 30초 후 미지근한 물로 씻어내면 여드름으로 고민하던 이들도 깨끗한 얼굴을 유지할 수 있으며 온몸을 소금으로 마사지하면 매끄러운 피부를 느낄 수 있다고 합니다. 허리나 복부, 허벅지 등 평소 군살이 많이 붙은 부분에 소금을 발라 집중적으로 문지르거나 뜨거운 타월로 감아두면 삼투압 작용에 의해 체내 수분이 배출되어 군살이 제거된다고도 한다고 합니다. 비듬이나 만성 주부습진, 혹은 부인 냉증으로 고생하던 이들 가운데도 생염을 발라 효과를 보았다는 이들이 많습니다.

4) 월곡동 여성생산 공동체의 알로에 자연화장수

월곡동여성생산공동체에서는 환경과 자연을 보존하는 마음으로 알로에 자연화장수를 만들고 있습니다. 2년여간의 연구와 실험을 통해 개발한 이 제품은 2개월동안 우려낸 알로에 원액과 피부노화를 방지하는 회향을 주원료로 하고 일체의 화공약품을 사용하지 않은 천연재료만을 이용하여 제조한다고 합니다. 1,300명의 사람들이 직접 발라보았지만 이 중 부작용을 보인 사람은 한 명도 없었다고 합니다.

어느 피부에도 잘 맞으며 세안 후 적당량을 바르면 투명하고 깨끗한 자연 그대로의 피부를 유지할 수 있습니다.

가격은 100ml 한 병에 5,000원이며 자세한 문의사항은 전화 02) 916-3454, 주소는 서울시 성북구 하월곡 4동 77-513, 산돌공부방으로 하면 됩니다.

5) 한국자연미용법연구회

화장품의 독성 및 자연미용법에 대해 연구하는 곳으로 한국자연
미용법연구회가 있습니다. 회원은 1,000여 명이며 자연화장품으
로 영양크림과 마사지팩, 스킨, 로션, 세안제 등을 구입할 수도 있
습니다. 화장품의 독성에 대해 더 자세히 알고 싶거나 자연미용에
대해 관심있는 사람들은 전화 02) 736-2901로 문의하면 됩니다.

6) 자연화장품 동우회

무공해자연식품에 이어 화장도 자연화장품을 이용하자는 동호인
모임이 생겨났습니다. '푸른 건강실천회' 부설 자연미용연구회가
바로 그곳으로, 기존화장품은 피부에 두꺼운 막을 형성해 피부노화
를 촉진시킨다고 주장하고 있습니다.

이들은 발효식초나 식물의 엽록소분말을 풀어 얼굴을 씻은 뒤 쑥
솔잎, 매실 등을 달여 증류수, 알콜, 식초 등에 섞은 물을 화장수로

쏩니다. 또 콩, 깨, 해바라기 등 식물성기름과 오리, 상어 등 동물성기름으로 지방을 보충하고 색조화장도 오랑캐꽃을 이용해서 하는 등 자연미용에 많은 노력을 기울이고 있습니다.

4. 화장품의 성분 및 함량 표시를 기업과 정부에 요구합시다

화장품의 성분 및 함량표시는 소비자가 자기 체질에 알맞은 화장품을 선택하고자 할 때 반드시 필요한 사항입니다. 특히 앞에서 본 바대로 화장품의 독성이 속속 문제되고 있는 터에 기업들의 성분표시는 필수적으로 이루어져야 할 것입니다.

그러나 화장품의 성분을 표시한다 해도 단순히 무엇무엇이 들어 있다고 하면 그것이 예를 들어, 천연성분인지, 합성성분인지 알 수 없으며 주성분인지, 산화방지제인지, 방부제(보존료)인지 알 수가 없습니다. 다음 표는 양심적인 일본 화장품업체의 성분표시입니다. 여기에도 아쉬운 것이 있다면 천연성분인지 합성성분인지의 표시

일본제 콜드크림의 성분표시

종 류	함량	성 분
피부보호제	1.8%	세타놀(지방알콜), 프라센타(소태반 추출액), 밀리스틴산(酸)옥틸드데실(지방산 에스테르), 실리콘유(油, 珪素系油)
유 화 제	2.3%	셀로틴산(酸)나트륨(지방산염), 모노스테아린산(酸), 솔비탄(지방산 에스테르), 폴리옥시에틸렌세틸에테르(석유계 계면활성제)
주 성 분	56.1%	살라시미쯔로우(동물성로우), 고래(鯨)로우(동물성로우), 카르복시비닐폴리아(점액제), 유동파라핀(광물성기름), 고형(固型)파라핀(광물성 로우), 마이크로 크리스탈린 왁스(광물성 로우)
보 존 료	0.1%	파라옥시안식향산(安息香酸)메틸(방부제)
향 료	0.2%	로즈부케
정 제 수	39.5%	

가 없으며 정부에서 허가한 성분인지 아닌지가 빠져 있습니다.

　그러나 우리나라의 현실과 비교한다면 많은 시사점이 있을 것입니다. 우리나라의 경우 1991년 한국소비자보호원의 조사에 의하면 국내 15개 회사의 105개 품목 중 성분을 일부나마 표시한 것은 3개 회사 7개 품목에 불과했으며 이들 역시 함량은 표시하지 않았습니다. 화장품은 약사법의 저촉을 받는데, 성분 및 함량이 표기의 의무사항에 빠져 있기 때문입니다. 그러므로 우리들은 성분 및 함량표시가 의무화될 수 있도록 소비자들이 노력할 필요가 있습니다.

　그리고 기업이나 정부는 화장품의 독성에 대해 연구하여 발표해야 합니다. 그리고 이같은 사항을 우리 주부들이 적극 나서서 요구하여야 하겠습니다. 아울러 화장품의 제조일자 표시가 되어 있는지를 확인하는 습관을 가집시다.

뿐만 아니라 유통기한을 표시하도록 해야 합니다. 화장품 회사에 문의해보면 심한 경우에는 2년 이상 된 화장품도 이상한 냄새만 안나면 써도 된다고 합니다. 그러므로 가능한 한 유통기한을 줄여보다 천연상태에 가깝도록 해야 하겠습니다.

3
먹|거|리|가|독|약|이|라|아|우|성|이|요

분이네 아침식탁

1. 식품오염 왜 문제일까요?

자 오늘 분이네의 아침식단은 햄토스트, 계란부침, 오렌지쥬스입니다. 그리고 분이의 도시락은 콩밥, 장조림 등입니다. 그러면 분이네 식탁에 들어간 농약과 첨가물은 어떤 것이 있는지 살펴볼까요?

① 햄 — 아질산나트륨(발색제), 소르빈산칼륨, 에르소르빈산나트륨, L-글루타민산나트륨(화학조미료)
② 콩 —파라치온(살충제, 발암물질)
③ LA갈비 —성장촉진제, 항생제
④ 오렌지쥬스 —2-4D(제초제, 월남전 당시 고엽제로 쓰였음)
⑤ 간장 —파라옥시안식향산부틸(합성보존료)

⑥ 밀가루 ―마라치온, 아레스린, 정산, 프롬알데히드, 렐단

인간의 건강은 맑은 공기와 물, 그리고 음식섭취에 의해 이루어
집니다. 그런데 언제부턴가 우리의 식탁은 인간에게 이로운 음식보
다는 독이나 다름없는 해로운 성분으로 채워지고 있습니다.

이렇게 매일 먹는 음식·우리의 먹거리가 오염된다면 어떤 문제
가 생길까요?

첫째, 건강을 해칩니다.

먹거리에 사용되는 각종 식품첨가물이나 농약 중에는 발암물질
이 많이 있으며 중추신경 마비, 소화기·신경장애, 적혈구 파괴 등
의 영향을 우리 몸에 끼칩니다. 또한 한 가지 이상의 첨가물이 체내
에 축적될 경우 서로 상승작용하여 독성을 늘리는 소위 복합오염을
일으켜 장기적으로 보면 인체에 치명적일 수도 있습니다. 그러므로
우리의 건강을 지키기 위해서도 먹거리 오염은 막아야 하겠습니다.

둘째, 사회적으로 소중한 노동력을 잃습니다.

우리나라 40대의 사망률이 어느 나라보다 높다고 합니다. 과로

와 스트레스, 그리고 잘못된 음식섭취로 인한 질병이 원인이라고 합니다. 특히 그 중에서도 암으로 죽는 사람의 수가 점점 늘어가고 있습니다. 나이 4~50대면 한창 일할 나이입니다. 사회에서 중책을 맡고 있는 소중한 일꾼들을 잃는다면 나라의 경쟁력이나 생산성에 큰 문제일 것입니다.

그러므로 건강한 노동력의 창출을 위해서도 먹거리 오염은 막아야 합니다. 일부에선 조금씩밖에 섞여 있지 않은 농약이나 식품첨가물을 가지고 너무 그런다고 생각할지 모르지만 하루 3끼, 한 달이면 90끼를 매일 먹는다는 것을 생각한다면 결코 소홀히 넘길 수 없습니다.

셋째, 자라나는 아이들의 정서에 문제가 생깁니다.

요즘 아이들의 식습관을 보면 옛날부터 내려오던 채식 위주, 자연식 위주의 음식섭취가 아니라 가공식품이나 조미료, 첨가물이 많이 들어 있는 인스턴트 식품을 주로 먹는 것을 알 수 있습니다. 이렇게 첨가물이 많이 들어 있는 음식을 지나치게 먹는 요즘 아이들의 정서가 옛날보다 산만하고 의지가 박약한가 하면 한편으로 훨씬 난폭하다고 합니다. 특히 서구화된 식생활로 인해 김치,된장찌개 등 우리 고유의 음식을 먹지 않는다고 합니다.

이같은 부작용이 있는 데도 가족의 식탁을 책임지고 있는 우리 주부들이 먹거리의 안전성에 너무 무심한 것은 아닐까요? 보통 TV나 신문을 통해 콩나물, 두부가 이상하다든가 마른 오징어, 북어포 등에 판매상인들이 부패하지 말라고 농약을 뿌린다는 얘기를 들으면 그 때 잠시 놀라 그런 음식을 안 사먹거나 분노를 느끼고 말뿐입니다. 하지만 근본적으로 먹거리의 오염을 없애려는 고민이나 노력이 없이 임시방편으론 아무런 해결책도 될 수 없습니다.

2. 먹거리 오염의 원인

우리가 무심코 먹는 음식에는 사실 많은 농약과 식품첨가물이 들어 있습니다.

그러면 우리의 먹거리가 오염된 이유는 어디에 있을까요.

① 무분별하게 사용되는 농약, ② 가공식품을 통해 섭취되는 각종 식품첨가물, ③ 농약에 절은 수입식품 때문입니다. 이들의 오염에 대해 각각 살펴봅시다.

1) 농약의 오염

농약의 피해는 농민의 농약중독과 소비자의 피해, 그리고 국토의 황폐화를 들 수 있습니다.

농약을 계속해서 사용하면 땅은 산성화되고 점차 죽은 땅이 됩니다. 그런데 우리나라의 단위 면적당 농약사용량은 세계 1, 2위에 이르고 있어 사토화(死土化)된 땅이라 해도 과언이 아닐 정도입니다. 또한 농약의 과다사용으로 인해 농사짓는 평야지역의 중금속 오염도가 전반적으로 심각해지고 있습니다.

농민의 농약중독 역시 심각한데, 국립보건원 조사에 따르면 농민의 82%가 농약중독을 경험했으며 그 중 31%는 서둘러 요양치료를 받아야 할 위험한 상태라고 합니다(동아일보 93년 1월 18일).

예를 들어 우리가 주로 먹는 농작물에 살포되는 농약과 사용 횟수를 살펴보기로 합시다. 주식인 벼는 모판에서 2번, 모내기 뒤에는 제초제, 살충·살균제 등은 6번, 이삭이 나온 후에는 멸구약을, 마지막으로 목도열병 예방약을 뿌립니다.

통상 4월에서 9월까지 총 27회의 농약을 살포하는 것입니다.

참외, 사과, 토마토 등의 과일, 채소에는 12회에서 20회까지 농약을 치는데 심지어 사과의 경우 꼭지에서 농약이 마르면 일등품이 안 나온다고 하여 무려 38회나 살포한 경우도 있다는 보고가 있습니다.

오이는 자라면서 구부러지게 마련인데 곧고 길게 뻗은 오이만 찾는 소비자의 기호에 맞춰 성장점에 농약을 치고 비바람에 씻기지 말라고 그 위에 다시 전착제까지 덧칠하여 7차례나 농약이 살포됩니다. 벌레가 많이 생기는 고추는 20여 차례, 맥주의 원료인 호프에는 18회 정도 뿌려지고 있습니다.

더구나 세계보건기구(WHO)와 유엔환경계획(UNEP)이 세계적으로 위험을 경고한 58가지 농약이 국내에서 사용되고 있는 것으로 밝혀졌습니다.

93년 10월 5일 농촌진흥청이 국회에 낸 국정감사 자료에 따르면 세계보건기구가 독성을 시험해 맹·고독성 농약으로 분류한 127가지 농약 가운데 28가지가 국내에서 사용되고 있습니다.

이들 맹·고독성 농약은 브라딘 액제 등 살균제가 2가지, 아진포 수화제, 이피엔 유제, 포스팜 액제 등 살충제가 25가지 등입니다.

이와 함께 유엔환경계획이 지난 91년 독성으로 인한 피해를 우려해 사용을 규제한 농약은 253가지인데 이 가운데 48가지(18가지는 세계보건기구와 중복)가 국내에서 사용되고 있습니다.

국내에서 이들 농약은 파라티온, 이피엔 등 17가지가 고독성으로 취급제한 기준이 적용되고 있고 디코플, 만코지 등 4가지는 원제중 불순물 함량규제를 받고 있으며 아진포, 캡탄 등 22가지는 안전사용기준을 정해놓고 제한사용토록 하는 것으로 밝혀졌습니다. 외국에서는 이들 농약이 급성독성이거나 신경독성을 갖고 있고 발암 가능성이 있으며 잔류성이 있으므로 사용을 규제하는 것으로 조사됐습니다.

이상에서 살펴본 농작물에 살포되는 농약은 대부분 2차대전 때 독가스로 개발한 것을 새로이 응용해서 만든 것입니다.

농업의 근대화라는 것은 실제로는 경작기계와 화학비료, 그리고 살충제로부터 제초제에 이르는 각종 농약, 이 세 가지를 병용하는 것을 뜻하는데 생산은 늘었을지 몰라도 땅이 점차 죽어가고 농약친 농산물을 먹는 사람들의 건강을 치명적으로 손상시키고 있습니다.

얼마 전 천여년 전의 볍씨가 발견되어 이것을 땅에 뿌렸는데 싹이 나왔다는 뉴스가 있어 벼의 수명이 얼마나 긴가를 입증했다고 하는데 화학비료를 쓴 벼는 3년만 지나도 싹이 트지 않는다고 합니다. 그만큼 농약의 독성이 강하다는 것이지요.

2) 식품첨가물의 해

식품첨가물이란 '식품의 제조, 가공, 또는 보존을 위해 식품에 첨가, 혼합, 침윤 기타의 방법에 의해 사용되는 물질' 입니다(식품위생법 제 2조).

우리나라 식품첨가물 공전에 실린 식품첨가물의 수는 현재 363

종인데 보통 가공식품에 주로 사용되지요. 이들을 용도에 따라 분류하면 보존료(식품의 보존을 위해 사용하는 방부제 등), 살균료, 산화방지제, 착색료, 발색제, 표백제, 조미료, 인공감미료, 착향료, 팽창제 등이 있습니다.

예를 들어 합성보존료는 말 그대로 식품을 오래 보존하기 위해 쓰는 방부제입니다. 라면의 경우 평균 유통기한이 5-6개월(농심 안성탕면과 신라면은 5개월, 도토리비빔면 6개월) 정도 되며 마요네즈 등은 8개월(오뚜기 식품의 튜브형 마요네즈), 케찹은 1년(오뚜기식품의 튜브형 케찹) 정도입니다. 우리 밀가루로 만든 빵이나 국수가 냉장고에서 평균 1, 2주일도 못가는 것을 보면 정말 어마어마한 기간이 아닐 수 없습니다. 그런데 이토록 긴 유통기간이 가능한 것은 보존료 즉, 방부제를 뿌리기 때문입니다.

식품첨가물은 가공된 것이므로 천연의 먹거리에 비해 인체에 좋을 수가 없습니다. 특히 여러가지 음식을 통해 식품첨가물을 혼합해서 섭취할 경우 첨가물끼리의 반응으로 인해 복합오염을 일으킨다고 합니다.

식품첨가물의 종류와 인체에 미치는 영향

식 품 첨 가 물		기 능	사 용 식 품	부 작 용
방부제	소르빈산칼슘, 프로피온산나트륨, 벤조산나트륨, 살리실산, 데히드로초산나트륨	세균류의 성장을 억제하거나 방지하기 위해서 식품에 첨가하는 화학물질	치즈, 초콜릿, 음료수, 칵테일, 고추장, 짜장면, 마아가린, 빵, 단무지, 오이지, 생선묵, 햄, 청주, 간장	중추신경마비, 출혈성 위염, 간에 악영향, 발암성
감미료	둘신, 사이클러메이트, 사카린나트륨	단맛을 내며 설탕의 수백배의 효과를 내는 물질	청량음료, 간장, 과자, 빙과류	소화기 및 콩팥장애, 발암성
	화학조미료(MSG) (글루타민산나트륨)	식품에 존재하지 않던 맛을 내거나 존재하던 맛을 더욱 강하게 혹은 바꾸고 없애는 물질	과자, 통조림, 음료수, 카라멜, 카레, 다시다, 맛소금	빈속에 3~5g이상 섭취하면 10~20분 뒤 작열감, 얼굴경련, 가슴압박, 불쾌감이 1~2시간 지속
	착색제 (타르색소)	소비욕구 충족을 위해 색을 내게 하는 화학물질	치즈, 버터, 아이스크림, 과자류, 캔디, 소시지, 통조림고기, 푸딩	간, 혈액, 콩팥장애, 발암성
	발색제 (아질산나트륨, 아초산나트륨)	색을 선명하게 하는 데 사용되는 물질	햄, 소시지, 어류제품	헤모글로빈 빈혈증, 호흡기능 악화, 급성구토, 발한, 의식불명, 간장암 유발
	팽창제	빵이나 과자를 부풀리게 하는 화학물질	빵, 케이크, 비스킷, 초콜릿	카드뮴, 납 등의 중금속 함량이 높다.
	산화방지제 (BHA, BHT)	지방성식품과 탄수화물식품의 변색을 방지하는 데 사용하는 화학물질	크래커, 스프, 라드 및 쇼트닝, 쥬스	발암성 BHA+아질산나트륨+글리신→청산가리(CN)이온 생성
	탈색제 (아황산표백제)	색깔을 희게 하는 데 사용하는 화학물질	과자, 빵, 빙과류	신경염 및 순환기장애, 위점막자극, 기관지염, 천식유발
	살균제	어육제품을 살균하는 데 사용하는 화학물질	두부, 어육제품, 햄, 소시지	피부염, 고환 위축, 발암 (유전자파괴)
	안정제 및 응결제	고체와 액체가 분리되지 않도록 결합시키는 물질	아이스크림, 초콜릿, 치즈, 냉동빵제품, 과일통조림, 맥주, 육제품	

식품첨가물이 특히 문제가 되는 것은 이같은 첨가물이 소비자를 위한 것이 아니라 생산하는 기업들의 이익을 위한 것이라는 점입니다. 소비자들은 보다 신선하고 보다 안전한 식품을 원합니다. 그럴러면 가능한 한 자연상태에 가까운 식품을 섭취해야 합니다. 그러나 식품기업에서는 그럴 경우 유통기간을 짧게 해야 하므로 인건비가 많아지고 시들거나 부패한 음식의 손실비용을 감당해야 하므로 이를 아끼려고 가공단계에서 보존료, 살균제 등을 넣습니다.

식품첨가물이 과연 인체에 어떤 해를 끼치는가에 대한 관심보다는 물건을 얼마나 더 오래두고 팔 수 있나에만 관심이 가 있는 것입니다.

뿐만 아니라 햄, 소시지의 경우 붉은 색을 넣어 싱싱하고 먹음직스럽게 보이도록 발색제를 첨가하며 빵이나 과자를 부드럽게 하는 유화제를 넣습니다. 그러나 이 모든 것은 다음 표에서 보듯이 각종 부작용을 낳고 있습니다.

실제 이같은 첨가물이 많이 들어갈수록 제품가격은 올라가는 한편 인체에는 점점 나쁜 영향을 끼칩니다. 그러므로 색이 곱고 부드

러운 맛만 찾는 소비자들의 인식도 이제 바뀌어 겉모양보다는 좀 더 자연상태에 가까운 음식을 찾아야 합니다. 하얗고 부드러운 빵보다는 거칠더라도 통밀빵이 더 자연에 가깝고, 같은 소시지라도 발색제와 보존료를 넣지 않고 만든 원래 그대로의 소시지의 경우 맛에서는 조금도 손색이 없이 뛰어납니다.

3) 몰려드는 수입농산물의 문제점

최근에 우리 식탁을 가장 위협하는 것이 수입농산물입니다. 현재 우리나라의 농산물 개방률은 거의 98%에 이릅니다. 쉽게 말해 그동안 우리가 먹던 대부분의 농산물이 이제는 외국에서 나온 것일 수 있다는 말이지요. 무심코 먹는 수입농산물은 그러나 우리의 건강을 해칠 뿐 아니라 우리 민족의 자주권까지 해치게 됩니다.

93년 1월 현재 우리나라는 밀, 콩, 옥수수, 수수, 조, 보리 등 식량곡물의 91%가 외국에서 수입되고 있습니다. 구체적으로 밀가루의 거의 99%, 콩식품의 90%, 옥수수와 잡곡이 98%, 감자스넥 80%, 쇠고기 65%, 토마토케찹 60%, 오렌지쥬스 55% 등이 수입농산물로 충당되고 있습니다. 이밖에도 파인애플, 키위, 아보카드 등 열대과일과 주로 중국산 당면, 건파, 고사리, 더덕, 곶감, 무말랭이, 단무지, 깻잎, 미꾸라지, 호박꼬지, 메주, 된장, 고추장을 포함한 각종 가공식품 등까지도 범람하고 있고 이제 쌀시장까지 개방되면 그야말로 수입식품의 천국이 된 것입니다.

이것은 다시 말해 우리나라에서 우리 농민이 생산하는 식품을 먹는 것이 아니라 남의 나라 농민이 남의 땅에서 기른 음식을 우리가 먹음으로써 그들을 살려주는 꼴이 된 것입니다. 때문에 안전한 먹거리를 먹을 수 있는가 없는가는 이제 수입농산물의 안전성을 어떻게 지켜낼 것인가에 달렸다 해도 과언이 아닙니다. 수입농산물의 문제점은

첫째, 농약에 절은 식품을 들여온다는 것입니다.

예를 들어 자몽, 바나나는 원산지에서도 수확 후 2~3일이면 시들고 썩어 버리게 됩니다. 그런데 우리나라에 오는 자몽, 바나나는 원산지에서 수확, 배에 실린 뒤 40일동안 60℃가 넘는 적도를 통과하여 오는데도 빤질빤질 윤이 나고 아주 먹음직스럽습니다. 어찌

된 일일까요? 그것은 바로 푹푹찌는 바다를 건너오는 동안 싹나고, 썩고 하는 일이 없게 하기 위해 우리나라에서는 금지하고 있는 '수확 후 농약살포'를 미국에서는 허용하고 있기 때문입니다. 즉 곡식이 수확된 뒤에는 소비자가 곧장 먹게 되므로 농약을 쳐서는 안되는 데도 완성된 농산물에 대량의 농약을 친 것입니다.

섬유질 섭취에 좋다는 오렌지의 경우에도 수출될 때 수송과정에서 썩고 벌레먹고 익어버리는 것을 방지하기 위해 농약에 푹 절이는 것은 말할 것도 없습니다. 이렇게 농약에 절인 오렌지를 껍질째 갈아서 쥬스를 만든다면 어떻게 될까요? 이같은 쥬스를 젖먹이 어린애에게 건강식품인양 먹였을 때 과연 안전할까요?

이처럼 수입식품이 농약에 절은 이유는 '세계의 식량창고'라고 불리는 미국 등이 자신들이 먹기 위해서가 아니라 다른 나라에 농수산물을 팔아 먹기 위해 농사를 짓기 때문입니다. 현재 전세계 100여개 국이 미국 농산물에 의존하고 있으며, 세계 곡물의 2/3가 미국 농토에서 생산되고 있습니다. 자기네 나라에서 먹을 식량이 아니기 때문에 상대적으로 허술한 검사기준을 적용하며, 수송기간 중의 상품성 유지를 위해 농약을 치는 것입니다.

둘째, 수입농산물의 검사, 검역제도가 매우 허술하여 식품의 안정성을 보장하기 힘들다는 점입니다.

수입식품들의 안정성은 외국처럼 까다로운 검역기준과 검사제도가 있어야 보장받을 수 있습니다. 그러나 우리나라는 검역기준은 비교적 까다롭게 유지하려 하고 있으나 서울, 부산, 인천, 목포, 여수, 군산 등 13개 검역소에서 일하는 검역요원수의 부족과 기술, 설비의 부족으로 제대로 검사, 검역을 못하는 실정이라고 합니다.

91년의 경우 수입식품의 절반가량이 통관되는 부산검역소에서 전체수입량 중 61%가 서류검사와 관능검사로만 통관되었습니다. 서류검사는 수출국, 수출물량 등이 맞는지에 대한 조사이며 관능검사는 눈으로 보고 냄새를 맡는 정도를 말합니다.

농산물에 남아 있는 잔류농약을 검사하는 가짓수와 기준도 후진국 수준입니다. 때문에 이 기준의 대폭 강화가 필요합니다. 그런데 보통 식량수출국에서는 수입농산물에 대한 엄중한 검사를 하려고 들면 통상장벽을 쌓으려는 수단이라고 수출국들이 방해하는 실정

수입농산물의 농약사용실태와 그 독성

품 목	사용하는 농약	독 성
오렌지쥬스	2-4D(제초제)	월남전 고엽제와 같은 성분, 유전자변이
쇠고기	성장촉진제, 항생제	세포벽을 용해, 갑상선 이상, 성조숙증
콩	파라치온(살충제)	발암물질. 일본에서는 수입콩을 사료로 쓴 동물원에서 기형 원숭이가 많이 태어난다는 보고가 있다.
바나나	메틸브로마이드 (살충제)	적혈구 파괴
쌀	마라치온 등 17가지	4종류의 농약은 우리나라에서 극독성 농약, 발암성 농약으로 금지하고 있는 것임
밀	마라치온, 아레스린, 청산, 인화알루미늄, 프롬알데히드, 렐단 등 20여 종 농약 사용	미국 등 선진국에서 발암성, 맹독성 등 때문에 사용이 금지되거나 사용여부를 분석중인 것
레몬	2-4D, OPP, TBZ	OPP는 발암물질,

입니다.

그러므로 선진국에 비해 우리나라에 수입되는 외국 농산물의 안전성검사 합격률은 대단히 높아 일본의 27배, 영국의 34배, 미국의 53배나 됩니다.

셋째, 유통구조의 문제점이 심각합니다.

현재 수입농산물에 대한 유통체계가 분리되어 있지 않고 '원산지표시'가 잘 되어 있지 않아 수입농산물이 우리 농산물로 둔갑하여 버젓이 비싼 값에 시중에 유통되고 있습니다.

넷째, 수입농산물은 우리나라의 경제자주권을 침해합니다.

수입농산물이 판을 칠 경우 남의 나라 농민에게 우리의 먹거리를 맡기게 됩니다.

남의 나라 농민에게 우리가 먹는 식량을 의존할 때 과연 그 나라 농민이 우리나라 농민처럼 우리의 건강을 지켜줄 수 있을까요.

또한 식량전쟁이 나거나 식량이 무기화될 때 지금처럼 싼 가격에 수입농산물을 먹을 수 있을까요? 외국의 강대국들이 왜 그렇게 UR 타결, 농산물 시장개방에 목을 매는 것일까요. 외국 농산물에 우리

의 식탁을 건다면 우리 국민의 경제자주권은 위협받을 수밖에 없습니다.

그러나 한편에선 수입농산물 개방이 우리 주부들과 아무 상관 없다고 생각하는 사람들이 있습니다. 소비자는 싼값에 물건만 살 수 있으면 된다는 것이지요. 그러나 그렇지 않습니다. 수입식품을 우리 주부들이 무분별하게 살 경우 무엇보다도, 우리 식구들의 건강을 보장 못합니다.

앞에서 보았듯이 수입농산물은 농약에 절어 있습니다. 그러나 우리 농촌이 피폐해지면 농사를 지을 수가 없으므로 무농약 농산물을 마음대로 선택해서 먹을 수가 없습니다. 예를 들어 미국에 견학간 김성훈(중앙대)교수의 보고서를 보면 미국에는 유기농법을 하는 농민이 하나도 없다고 합니다.

또 장기적으로 올라가는 농산물가격으로 인해 국가와 가정경제에 영향을 미칩니다. 가계비 지출이 그만큼 늘어나는 것입니다.

또한 농촌이 피폐하면 그만큼 낙후되고 도시와 농촌간의 격차가 벌어지게 됩니다.

　그러면 우리 농민의 생계는 막막해질 것이며 농촌이 파괴되면 농민들은 농촌을 떠나 도시로 도시로 몰려들 것입니다. 그러면 도시의 주택문제, 교통문제, 상하수도문제, 환경문제, 범죄문제, 교육문제 등은 지금보다 더 심각해질 것이며 낙후된 곳은 더 낙후되어 지역의 고른 발전이 이루어지지 않을 것입니다. 또한 이러한 문제를 해결하기 위해 정부에서 쓰는 비용은 세금의 형태로 우리 주부들이 감당해야 하는 것입니다.

　또한 우리 주부들이 수입식품을 사게 되면 우리의 전통과 민족혼이 말살됩니다.

　옛말에 자기 사는 동네에서 반경 2km내에 나는 음식을 먹으면 좋다는 말이 있습니다. 이는 단순히 맛뿐만 아니라 민족의 얼과 기운, 건강을 맛본다는 뜻일 것입니다. 그러나 수입농산물을 먹게 되면 그 농산물에 맞게 식생활 양식도 서구화하게 됩니다. 가뜩이나 우리의 전통문화가 말살되고 무분별하게 외국것만 찾는 풍조 때문에 우려가 높은데 식생활까지 서구화되면 우리의 민족혼이 말살되어버립니다.

다섯째, 수입농산물이 판을 치면 자연생태계가 파괴됩니다.

농사를 안지으면 단순히 먹을 것만 없어지는 것이 아니라 생태계의 보호기능까지 없어지게 됩니다.

맥류연구소 박천서 박사의 연구에 의하면 1백만 정보에 밀을 심으면 연간 1,056만톤의 탄산가스를 들여마시고 788만톤의 산소를 내뿜어 공기를 맑게 하는 데 큰 도움을 준다고 합니다. 이는 우리나라 총 탄산가스의 21%에 이르는 양 입니다. 또한 겨울철 놀고 있는 논과 밭에 밀을 재배함으로써 토지이용률을 높이고 토양에 수분과 영양분을 보존할 수 있습니다.

쌀은 뛰어난 홍수조절작용을 하는데 우리나라 논은 모두 합해 국내 홍수조절용 댐 6개의 약 1.7배에 달하는 홍수조절기능을 갖고 있습니다. 집중호우가 내릴 때 이 엄청난 물이 논에 일시적으로 저장되어 하류의 홍수를 조절하기 때문입니다.

또한 농작물은 탄소동화작용이나 호흡작용을 통해 각종 유해가스를 흡수제거하여 대기오염물질 정화기구의 구실을 하고 있기도 합니다.

때문에 우리 농산물의 보호를 단순히 먹거리의 안정과만 연관시켜서는 안되겠습니다. 요즘처럼 환경보호의 기운이 높은 이때에 농사의 환경보호기능을 소중히 생각해야 하겠습니다.

우리의 식탁을 지키기 위해 주부들이 해야 할 일

1. 식품첨가물의 해를 줄이기 위해

> 다함께 힘을 모아

① 식품의 유통기간을 줄이도록 기업에 요구합시다.

식품의 유통기간이 늘어나면 그만큼 방부, 살균제 등을 많이 쓰게 됩니다. 그러므로 우선 식품의 유통기한을 대폭 줄이도록 요구해야겠습니다.

② 유통기한만이 아니라 제조일자까지 표시하도록 요구합시다.

현행제도는 유통기한만 표시해도 되도록 되어 있습니다. 이는 기업에만 이로울 뿐 소비자에게는 불리한 제도입니다. 유통기한이 어떤 근거에서 나왔는지 소비자들은 알 수가 없기 때문입니다. 그러므로 제조일까지 표시하도록 제도가 바뀌어야 하겠습니다. 나아가 제조일 옆에 유통기한을 같이 표시하는 방법이 바람직합니다. 제조일까지 표시하도록 제도가 바뀌어야 하겠습니다(예를 들어 동원참치 92년 5월 3일 제조, 96년 5월 3일까지 유효 등).

③ 식품첨가물이나 농약의 독성에 대한 연구를 요구합시다.

외국에서는 발암물질로 판정난 식품첨가물들도 우리나라에서는 버젓이 쓰이고 있는 형편입니다. 아울러 일반 주부들은 식품첨가물이나 농약의 이름을 들어도 그 성분이 정확히 어떤 역할을 하는지 잘 알 수 없습니다.

그러므로 식품첨가물이나 농약의 이름과 그 용도, 작용, 그리고 부작용과 독성 등을 알 수 있는 열람표를 만들어 국민들이 언제든지 열람할 수 있도록 구청 환경과나 위생과, 각 보건소, 식품제조업체 등에 보관하도록 해야겠습니다.

일본 식품표시의 예

식품명	개정전	개정후
과즙이 함유된	합성보존료	보존료(안식향산 Na)
탄산음료	합성착색료	착색료(황4호, 산미료, 향료, 탄산)
비엔나 소시지	합성보존료	보존료(솔빈산 K)
	산화방지제	산화방지제(에르솔빈산Na)
	발색제	발색제(아연산Na, 카제인Na)
단무지	합성보존료	보존료(솔빈산)
	인공감미료	감미료(사카린Na)
		조미료(아미노산 등)

④ 식품첨가물에 대한 공정한 판단과 연구를 할 수 있는 기구의 설립을 요구합시다.

특히 이런 기구들은 잘못해서 독립성을 가지지 못할 경우(예를 들어 식품업계에서 만들 경우) 식품기업의 입장만을 반영할 수 있으므로 국민의 보건과 위생을 생각할 수 있는 독립적인 기구를 전문가를 포함하여 만들어야 할 것입니다. 아울러 이 기구에서는 식품에 포함된 첨가물의 독성을 조사해 달라고 의뢰하는 개인들의 요구도 수용할 수 있었으면 좋겠습니다.

⑤ 보사부에 보다 엄격한 식품첨가물의 허가요건을 마련할 것을 요구합시다.

⑥ 식품 성분이 정확히 표시되도록 성분표시제도의 개선을 요구

합시다.

현행 제도로는 첨가물이 정확히 어떤 용도로 쓰였는지, 허용기준에 비해 얼마나 더 들어갔는지를 알 수가 없습니다. 그러므로 허용기준까지 표시하도록 요구합시다.

혼자서도 열심히

① 가능한 한 인스턴트식품을 사먹지 맙시다.

되도록 음식을 가공하지 않은 자연 그대로 먹도록 합시다. 그러면 식품첨가물로 인한 위험도 없앨 수 있으며 에너지도 덜 낭비됩니다. 예를 들어 햄을 먹는 경우 돼지고기를 먹을 때보다 가공과 포장과정에서 더 많은 에너지를 낭비하게 됩니다. 실제 미국에서는 원료값보다 단계별 가공, 포장비용이 더 비싸다고 합니다. 뿐만 아니라 가공단계가 높으면 방부, 살균제 등 더 많은 식품첨가물이 필요해집니다. 그러므로 소비자가 부담하는 가격도 그만큼 비싸지며 몸에는 더 해로우므로 인스턴트식품 안먹기부터 실천합시다.

② 식품 뒤의 표시를 유심히 살펴 같은 종류라면 첨가물이 적게 들어간 식품을 고릅시다.

③ 가능한 한 제조기일이 오래되지 않은 제품을 고릅시다.

④ 조미료 등은 집에서 만들어 먹읍시다.

음식에는 가능한 한 자연조미료를 넣읍시다. 시중에서 파는 화학조미료는 근육경련 등 많은 부작용이 있어 특히 자라나는 청소년들에게 좋지 않습니다. 한때 화학조미료를 많이 넣은 식품의 부작용을 지칭하던 "중국음식증후군"이라는 용어가 이제는 "한국음식징후군"으로 바뀌었다고 합니다.

〈집에서 만들어 먹는 조미료〉

• 멸치

중간크기 이상으로 약간 노르스름한 기가 도는 밝은 색을 택한다. 배가 터져나온 것은 신선하게 말려지지 않은 것이므로 피한다. 내장과 머리를 같이 쓰면 씁쓰레한 맛이 나므로 내장을 깨끗이 제거한다. 기름은 두르지 않고 달군 팬에 바삭바삭하도록 살짝 볶은 후 가루를 내 조미료 통에 넣고 쓰면 한 달까지 사용할 수 있다. 국물 10컵에 1작은 술정도면 충분히 맛을 낸다. 김밥을 만들 때 밥에 섞어 넣어도 고소하다.

• 다시마

깨끗한 것으로 골라 물행주로 살살 닦아낸다. 물로 씻으면 맛성분이 녹아나와 좋지 않다. 석쇠에서 살짝 구운 후 가루를 내 체로 곱게 친다.

• 표고버섯

표고버섯은 강한 향을 갖고 있어 조금만 넣어도 음식의 풍미를 돋운다. 말린 표고버섯의 기둥을 잘라낸 후 윗부분만 물행주로 닦아 달군 팬에 바싹 구운 후 곱게 가루를 내 통에 넣고 쓴다. 잘라낸 기둥은 물에 불려 두었다가 국, 찌개 등에 넣어 먹어도 맛있다.

• 가다랭이와 새우

가다랭이, 마른새우는 잘마른 종류를 골라 물기 없이 달
군 팬에 살짝 구어 곱게 갈아낸다. 건새우는 고소하고
가다랭이는 구수하면서도 맛이 짙다.

2. 수입식품의 해를 막아내기 위해

다함께 힘을 모아

① 수입식품의 원산지표기를 의무화합시다.

현재 주부들은 우리 농산물을 먹기 위해 시장에 가도 어느 것이
우리 농산물인지 알 수가 없게 되어 있습니다. 심지어 수입업자가
수입농산물을 우리농산물로 속여 팔아 폭리를 취하는 경우도 많아
우리를 더욱 불안하게 합니다. 특히 가공해서 파는 2차 식품의 경
우는 더더욱이 수입식품을 원료로 사용해도 알 수가 없습니다.

그러므로 우리 소비자들은 농산물의 원산지표기를 요구해야 합니다. 1차식품뿐만 아니라 2차 가공식품의 경우도 사용한 원료의 원산지를 표시할 것을 요구하도록 합시다. 이는 현재 농민단체들이 꾸준히 요구하고 있지만 실행이 제대로 안되고 있는 상황이므로 주부들부터 나서서 대대적인 캠페인과 기구결성 등을 통해 주무부처인 보사부에 요구해야 하겠습니다.

무엇보다도 대형 식품기업과 백화점 등지, 커다란 재래시장에서 먼저 원산지표기를 의무화해야 합니다.

야채의 경우 포장이 제대로 되어 있지 않아 수입품인지 알 수가 없도록 되어 있습니다. 그러므로 야채의 경우는 반드시 일정한 포장을 의무화하고 그곳에 라벨을 붙여 수입원산지를 표기하도록 요구합시다.

② 원산지에서의 제조, 수확일자, 수입일자의 표시가 의무화되도록 노력합시다.

수입식품은 유통기간을 알 수 없으므로 오래되어 변질되기 직전인 물건을 사도 속수무책일 수밖에 없습니다. 그러므로 원산지에서의 제조 혹은 수확일자, 수입일자 등을 표시할 것을 요구해야 합니다. 아울러 유통기한이 지났거나 질이 나쁜 식품을 수입하는 업자에겐 무거운 벌을 내리도록 요구합시다.

③ 수입농산물의 매장을 따로 설치하도록 요구합시다.

원산지표기를 하였다 해도 시중에서 수입농산물과 우리 농산물을 같이 진열해서 팔 경우 소비자들은 무심코 사기가 쉽습니다. 그러므로 소비자들이 구별해서 살 수 있게 우리 농산물과 수입농산물의 매장을 따로 여는 것을 제도화하도록 요구합시다.

우선 대형백화점이나 유통센터부터 시작하여 점차 재래시장, 동네슈퍼까지 실시해야 하겠습니다.

아울러 우리 농산물을 가장 확실하게 사먹을 수 있는 방법은 농협에서 운영하는 '농협직판장'을 이용하는 것입니다. 농협슈퍼는 전국 어디에나 있으며(서울에만 51개) 산지에서 직접 올라와 농산물을 파는 직판장도 여러 곳에 있습니다. 자세한 상황은 각 도의 농협도지회와 농협중앙회로 연락하면 됩니다.

④ 수입농산물에 따라 검사·검역의 기술, 시설, 인력을 보강하여 철저한 검사 · 검역을 실시하도록 요구합시다.

예를 들어 일본의 경우 수입쌀에 대한 검역기준을 엄격히 하기 위해 미국산 쌀의 냉동선 운반을 요구했다고 합니다. 일반으로 운반하면 농약을 많이 사용하므로 검역에 걸리게 되고, 냉동운반하면 비용이 더 들어 수입쌀의 가격이 비싸지므로 그만큼 일본쌀이 간접적으로 가격경쟁력을 유지할 수 있게 만든 것입니다.

이같은 일들은 수입농산물에 대해 자국농산물을 검역을 통해 지키려는 하나의 지혜로서, 우리 당국에서도 검토해 볼만한 일이라고 하겠습니다. 또한 부족한 검사, 검역인원과 기술을 보강하여 철저한 검사가 이루어지도록 해야 하겠습니다.

⑤ 무분별하게 농산물을 수입하는 국내 재벌사에 항의합시다.

재벌기업들이 쇠고기, 곡물 등 각종 농림수산물의 수입을 주도,

국내 농축산물의 생산기반을 위협하고 있는 것으로 밝혀졌습니다.

1993년 5월 11일 농림수산부가 국회에 제출한 자료에 따르면 1992년에 수입한 71억5천달러(5조7천2백억원)어치 농림수산물 가운데 재벌기업 등을 포함한 20개 대기업이 들여온 농림수산물은 모두 29억9천만달러어치로 전체 수입액의 41.8%를 차지하고 있는 것으로 집계됐습니다.

재벌별로는 삼성물산이 5억7천3백만달러어치를 수입, 농림수산물 수입순위 1위를 차지했고 현대종합상사는 1억6천만달러로 3위, 동방유량이 1억5천7백여만달러로 4위, 삼미가 1억5천7백만달러로 5위 등의 순을 보였습니다. 또 효성물산이 8천7백만달러, 금호가 8천2백만달러로 각가 14, 15위를 차지했고 대한제당, 삼양사, 대한제분, 미원식품 등이 상위 20권에 포진하고 있습니다.

우리나라의 농업을 적극 살리기 위해 많은 국민과 농민들이 걱정하는 중에 대기업들이 앞장서서 수입농산물을 들여오는 것은 정말 놀라운 일입니다. 우리 주부들부터 앞장서서 농산물수입에 앞장서는 대기업에 항의하고 시정하도록 요구합시다. 고객관리실과 기획실, 식품판매과 등에 전화, 편지 등으로 항의표시를 합시다.

나부터 열심히

① 우리는 흔히 수입농산물이 값이 싸다는 이유로 아무 생각 없이 사먹곤 합니다. 그러나 우리 농산물이 조금 더 비싸도 우리 농산물을 먹어야 합니다.

수입농산물을 먹게 될 경우 생기는 건강상의 불이익을 생각한다면 우리 농산물은 결코 비싼 가격이 아닙니다. 값만 따지지 말고 건강과 우리나라의 경제를 생각해서 우리 농산물을 먹을 줄 아는 주부가 되어야 겠습니다.

② 수입식품인지 아닌지 반드시 구별하여 우리 농산물을 삽시다.

특히 대형수퍼나 백화점에서는 야채 등에 수입품 표시를 해놓고 있으니 잘 살펴보아 수입식품은 사지 않도록 합시다.

수입식품 감별법

품목	우리 농산물	수입농산물
콩	알의 굵기가 균일하지 않다. 발아율이 94％ 내외이며 색상이 연하고 씨눈이 뭉툭하다.	알의 굵기가 균일하다. 발아율이 85％ 내외이며 색상이 진 하고 씨눈이 뾰족하다.
조	색깔이 연하다. 알이 고르고 협잡물이 없다. 물이 많다.	알이 균일치 못하고 비교적 협잡
수수	비교적 붉은 색을 띤다. 알이 약간 굵고 윤기가 있다.	빛깔이 흰 빛을 띤다. 알이 조금 잘고 거칠다.
팥	알이 굵다. 색상이 옅고 깨끗하다.	알이 잘다. 색상이 진하고 쭉정이나 이물질이 섞인 것도 있다.
율무	빛깔이 중국산보다 짙다. 윤기가 있고 찰기가 있다.	빛깔이 국산보다 희며 맛이 없다 찰기가 덜하다.
참깨	알이 잘고 껍질이 얇다 색상이 짙고 씨눈이 뾰족하다. 냄새가 고소하다.	알이 굵고 껍질이 두껍다. 색상이 연하고 씨눈이 뭉툭하다. 냄새가 덜 고소하다.
땅콩	표면이 거칠고 색이 옅다. 입자가 비교적 길쭉하다. 고소한 맛이 강하고 단맛이 남을 느낄 수 있다.	표면이 매끄럽고 색이 짙다. 입자가 비교적 둥글다. 고소한 맛과 단맛이 덜 난다.
당근	수입당근보다 대체로 작고 붉은 색이 많이 난다. 흙이 묻어 판매되며 흙냄새와 함께 향긋하며 약간 단 냄새 가 난다.	대체로 씨알이 굵고 국내산보다 약간 노란색이 많다. 방부제를 사용해 약냄새가 나므로 전량이 세척되어 수입된다.

품목	우리 농산물	수입농산물
고추	끝이 매끈하게 빠지고 꼭지가 싱싱하다. 선명한 빨간색의 윤기가 돈다. 건조기에 말린 경우는 검붉은 색깔로 윤기가 있고 꼭지색이 파란 부분이 많다.	꼭지의 신선도가 떨어지며 껍질이 거칠다. 중국산은 껍질이 두껍고 덜 맵다. 열대산은 몸체가 아주 작고 매운 맛이 강하다. 오랜 수송기간을 거쳤기 때문에 색이 퇴색하고 고추모양이 납작하게 눌려 있다.
마늘	알이 비교적 작지만 단단하다. 난지형은 겉색깔이 대체로 은회색이고 마늘쪽수가 한지형보다 많다. 한지형은 분홍색을 약간 띤다. 대체로 밑의 잔뿌리가 완전히 달렸다.	알이 굵고 무른 감이 있다. 마늘쪽수가 비교적 많아 10~13개 이상이다. 밑의 잔뿌리가 떨어져 나가고 마늘 대궁부분이 없는 것이 많다.
생강	알이 작다. 표면이 울퉁불퉁하다. 색상이 비교적 진하며 흙이 묻어 있는 것이 많다. 한 덩어리에 여러개가 많이 붙어 있고 모양이 둥글다.	알이 굵다. 표면이 덜 울퉁불퉁 하다. 색상이 엷고 비교적 매끈하다. 한 덩어리에 비교적 적게 매달려 있고 모양이 넓적하다.
건고구마 줄기	흰 빛이 많으며 부드럽다. 줄기가 비교적 굵고 연하다.	검은 색이 나며 질기다. 줄기가 비교적 가늘다.
취나물	비교적 잎이 고르며 부드럽다. 줄기가 가늘며 검회색을 띤다. 취나물 특유의 향기가 많다.	큰 잎이 많으며 비교적 질기다. 줄기가 굵으며 검다. 향기가 비교적 적다.

품목	우리 농산물	수입농산물
도라지	표면이 매끈하고 대체로 흰 빛을 띤다. 마른 도라지는 모양은 작으나 속이 알차서 무게가 있다. 도라지 고유의 향내가 많다.	표면이 거칠고 색깔도 맑지 못하다. 마른 도라지는 몸이 크지만 속이 단단치 못해 비교적 가볍다. 비교적 향기가 적다.
무말 랭이	청결 정도가 깨끗하다. 색상이 희고 맑다. 두께가 얇고 자른 부위가 정교 하다.	청결도가 떨어져 지저분하다. 색상이 진하고 검거나 얼룩이 있는 것도 있다. 굵기가 약간 굵고 거칠다.
영지 버섯	원목재배, 병재배로 모양이 깨끗하고 품위가 있다. 색깔이 주황색이다. 버섯갓에 고유의 버섯가루 가 많이 묻어 있다.	자연산, 또는 재배기술이 떨어져 모양이 여러가지고 품위가 없다. 색깔이 갈색이다. 버섯가루가 적고 색깔이 퇴색된 것이 많다.
표고 버섯	주로 원목재배를 하기 때문에 품질이 좋다. 갓이 주로 갈색이고 두껍고 주름 이 거의 없으며 표면이 갈라 져서 흰색을 띤 고급품이 많다. 무게가 무겁고 빛, 향기가 좋다.	주로 톱밥재배를 하기 때문에 품질이 나쁘다. 짙은 갈색이고 두께가 얇고 주름이 많으며 표면이 많이 갈라지지 않 아 흰색이 적어 저급품이 많다. 무게가 가볍고 빛, 향기가 떨어진다
호도	크기는 비슷하나 주름의 골이 깊다. 고유의 호도색깔이 진하며 고소하고 담백하다. 과육의 충실도가 높다.	주름의 골이 깊지 않다. 국내산보다 흰색을 띠며 여리고, 맛이 국내산에 비해 떨어진다. 과육의 충실도가 낮다.

품목	우리 농산물	수입농산물
잣	씨눈이 붙어 있지 않다. 겉부분이 윤기가 있다. 먹을 때 끈기가 있는 느낌이며, 뒷맛이 고소하다.	씨눈이 그대로 붙어 있다. 겉부분이 윤기가 적다. 먹을 때 바삭바삭한 느낌이 있으며 뒷맛이 깨끗지 않다.
곶감	색상이 연갈색이다. 두께가 두껍고 포장길이가 길다. 흰가루가 적다.	색상이 진갈색이다. 두께가 얇아 포장길이가 짧다. 흰가루가 많다(둥글고 납작한 비닐포장은 거의 수입품이라고 인정할 수 있다).
대추	표면이 덜 쪼글쪼글하다. 색상이 밝다. 냄새가 싱그럽고 단내가 물씬 풍긴다.	표면이 쪼글쪼글하다. 색상이 어둡다. 냄새가 덜 싱그럽다.
오징어	몸체가 두껍고 다리의 굵기가 일정하며 육질이 쫄깃하다. 국내산보다 머리가 더 굵고 몸통 의 은빛이 어둡다.	원양산은 두께가 얇고 바깥쪽 다리 가 가늘며 맛이 짜고 딱딱하다.
고등어	방추형이며 등쪽 녹색 옆줄에 흑색 물결무늬가 있다.	원양산은 진한 푸른색에 굵게 물 결무늬가 있다.
인삼	다리가 잘 발달되어 있고 삼머 리가 짧다. 백삼：윤택한 유백색 홍삼：윤택한 담적갈색 인삼 고유의 맛과 향기가 뚜렷 하고 크기에 비해 무겁다.	다리가 덜 발달되어 있다(1~2개). 삼머리가 길다. 백삼：창백한 백색 홍삼：어두운 갈색 인삼 고유의 맛과 향이 별로 없다.

제철식품

종류/월	1	2	3	4	5	6	7	8	9	10	11	12
과일류		귤		딸기	토마토 살구		복숭아 수박 참외	포도		사과 배		귤
야채류		당근		미나리	시금치	양배추		가지 오이			시금치 무우	당근 배추

③ 제철식품을 먹읍시다.

건강을 지키기 위해서는 제철에 나는 식품을 먹는 것이 좋습니다. 특히 수입품을 안먹으려면 제철에 나는 싱싱한 식품을 사먹는 것이 좋습니다. 아무래도 제철에 나는 식품은 보관, 운송 때문에 제때 수입하기가 어려울 것이기 때문입니다. 요즈음은 비닐하우스에서 재배되는 농산물이 많아 제철식품이 무엇인지 잘 모르는 경우가 있으므로 위의 표를 부엌에 붙여 놓읍시다.

④ 우리밀 살리기 운동에 적극 참여합시다.

우리나라는 최근 주식인 쌀에 버금가게 밀가루 음식을 많이 먹고 있습니다. 빵으로 아침식사를 때우는 사람들이 많아졌고 점심이나 간식도 햄버거, 스파게티로 먹는 사람들이 늘어나고 있습니다. 그러므로 늘상 먹는 밀가루가 과연 안전한가에 대한 우리의 관심이 꼭 필요한 때입니다.

몇년 전 일본에서 만든 '수확 후 농약살포' 라는 비디오에 의하면 호주산 수입밀가루 속에 바구미를 넣는 실험을 하였는데 뚜껑을 닫

은 후 1주일 후에 열어보니 모두 죽어 있었습니다. 이는 수입밀가루에 그만큼 많은 농약이 뿌려져 있음을 증명하는 것입니다.

현재 우리나라 밀가루 자급률은 1%도 채 안됩니다. 다시 말해 99% 이상이 수입밀가루인 것입니다. 그러므로 우리가 무심코 먹는 빵, 라면, 우동, 부침, 케익 등은 모두 바구미조차 살아남지 못하는 농약에 절은 밀가루로 만들어져 있는 것입니다.

단국대 장원석 교수는 밀소비가 그토록 늘어난 이유로 미국의 장기수출전략뿐만 아니라 정부의 분식장려정책, 제분협회 등 밀수입업자의 정책결정에 대한 영향력 행사 등을 들고 있습니다. 즉 40년대에 이미 미국은 쌀을 주식으로 하는 한국과 같은 나라에 밀가루와 우유를 원조해 입맛 자체를 분식과 육식을 선호하도록 바꾸었다고 합니다. 그 이유는 쌀을 주식으로 하는 나라는 기후의 풍토가 쌀 재배에 맞는 나라이기 때문에 언젠가는 쌀을 자급할 것이고 따라서 미국은 밀과 축산물을 수출할 수 없기 때문입니다. 또한 국가도 이에 적극 호응, 쌀과 밀의 단백가가 각각 78, 44로 쌀의 영양가가 더 우수함에도 불구하고 영양학자들을 동원해 분식이 더 낫다고 홍보했고 재벌들에게는 밀가루 수입으로 인한 많은 특혜를 베풀었습니다.

그에 더 나아가 미국은 밀소비 촉진을 위한 장기계획도 상당히 구체적으로 추진했는데 그 일례가 대형제과점들의 대대적인 빵, 과자소비캠페인입니다. '아침식사는 빵으로' 등 미 농무부 산하 소맥협회로부터 자금지원을 받아 이루어지는 홍보는 지난 88년 정부가 쌀소비촉진정책을 본격화하자 밀소비가 줄 것을 우려해 취해진 것으로 알려져 있습니다.

이처럼 밀가루 하나에도 단순히 맛이나 농약 차원만이 아니라 이 나라의 자주권의 문제가 들어 있는 것입니다. 또한 현재 밀은 거의 100% 외국에서 수입하여 우리밀을 먹고 싶어도 그동안 재배하는 곳이 없었습니다. 그러나 그동안 뜻있는 사람들이 우리밀 살리기 운동을 적극 전개, 조금씩 우리밀 재배농가가 늘어나고 있습니다. 기쁜 일이 아닐 수 없습니다.

농약에 절은 수입밀가루 음식에서 벗어나는 방법은 우리 밀을 많이 심어 싼 값에 사먹을 수 있게 만드는 것입니다. 그러기 위해서는

우리밀 살리기 운동에 참여하려면

우리밀 살리기 운동본부의 발기인이 되면 됩니다.

발기인은 1구좌 1만원 기준으로 10구좌 이상을 납입하여 창업주주로서 주식을 교부받게 됩니다. 주식에 대한 배당은 밀가루 또는 밀국수 중 회원이 원하는 대로 받을 수 있습니다. 또 지역별로 열리는 '우리밀의 날' 행사에 참여할 수 있고 생산지견학, 건강정보 소식지를 받아볼 수 있습니다.

그밖에 생활협동조합과 직영매장을 통해 우리 밀로 만든 식품을 구입할 수 있습니다. 기타 자세한 것을 알려면 우리 밀 살리기 운동본부(연락처는 서울 서초구 잠원동 23-3 화림빌딩 303호, 전화 : 517-7927~8)로 연락하면 됩니다.

우리 주부들이 적극 우리밀 살리기 운동에 참여해야 하겠습니다.

우리밀 살리기 운동에 참여하는 것은 우리의 식탁뿐 아니라 우리 농산물을 아끼는 작은 첫걸음일 것입니다.

우리밀 살리기 운동은 1989년 한살림과 가톨릭농민회가 협력하여 경남 고성군 두호마을에 24농가 227가마를 생산한 것을 시작으로 현재는 20만평에 300~400가마 정도의 생산지를 확정중입니다.

밀가루공장과 빵·과자공장 등 가공공장의 설립을 계획, 실행하고 있고 소비자 조직 외에 우리밀 음식점 연쇄망도 계획하고 있습니다.

현재 우리밀 식빵을 비롯 우리밀로 만든 만두, 국수, 컵케익 등 다양한 상품이 나와 있습니다.

⑤ 우리쌀 지키기 운동에 참여합시다.

우려하던 쌀시장의 개방압력이 심해지고 있습니다. 쌀이 단순히 주곡이라는 의미를 떠나 우리 농업과 자존심을 대변하는 것이었다면 이제 쌀시장의 개방은 우리나라의 농촌경제의 위기를 의미합니다. 그러므로 쌀시장의 개방은 단순히 농민만의 대처가 아니라 전 국민의 대처를 요구합니다. 그 중에서도 특히 쌀을 소비하는 우리 소비자들의 현명한 태도가 우리 농촌과 경제를 살릴 수 있는 시금석이 되는 것입니다.

그러므로 우리 주부들은 우선 쌀시장이 개방되지 않도록 하는 농민들의 노력에 성원을 보내고 정책입안자들에게도 이같은 우리의 의사를 전달해야 할 것입니다. 그러나 만에 하나 쌀시장이 개방된다면 우리 주부들이 해야 할 일은 무엇일까요? 어떻게 외국쌀의 영향을 최소화하고 우리 농민들이 쌀을 재배하면서 살 수 있게 해주는가에 대한 실천을 찾아보아야 하겠습니다.

첫째, 외국쌀과 우리쌀을 구별하여 우리 주부들이 쌀을 비싸게 사주어야 하겠습니다. 이 방법은 국민들의 결의와 성의를 모아 고른 부담으로 해결하는 방법입니다. 즉 값이 싼 외국산 쌀을 사지말고 한 달에 쌀값을 조금 더 내기로(예전에 사먹던 대로만 내면 됩니다) 결심하여 소비자단체와 쌀생산단체가 협약을 맺어 농민이 생산하는 것을 모두 사주면 되는 것입니다. 일본에서는 이미 이와 같은 방식으로 많은 쌀재배농민의 생활을 안정시켜주고 있다고 합니다.

둘째, 우리쌀을 외국쌀과 구별하여 사먹을 수 있는 유통체제를 갖추도록 요구해야 하겠습니다. 우리쌀을 사먹고 싶어도 쌀집에서 외국쌀과 차별 없이 판매한다면 살 수가 없습니다. 그러므로 외국쌀과 우리쌀의 포장을 달리하는 방법, 싸전이나 백화점 등에서 판매대를 따로 설치하는 방법 등을 연구해야 하겠습니다. 아울러 반드시 어디에서 수입한 쌀인지에 대한 표기를 겉포장에 의무화하도록 하고, 과자나 떡 등의 가공식품에도 수입쌀로 만들었으면 원료의 원산지를 표기하도록 의무화하여 소비자들이 구별해서 사먹을 수 있어야 하겠습니다.

셋째, 쌀소비 확대운동을 벌여야 하겠습니다. 이는 단순히 쌀을 조금씩 더 먹자는 운동이 아니라 현재 서구식 식습관으로 변화하고 있는 우리 식생활 패턴을 우리 체질에 맞도록 새로이 개량하고 지키겠다는 자세의 정립을 뜻합니다. 즉 우리 어린이의 성장기 건강에 치명적일 수 있는 수입밀로 만든 분식소비를 줄여 나가자는 우리 가정의 식단 지키기 운동인 것입니다. 이 운동이 전국 주부에게 퍼지게 되면 우리쌀의 소비를 증대시키는 데 기여할 뿐만 아니라 다음 세대를 짊어질 우리의 청소년들이 그들의 체질과 건강에 가장 적합한 영양을 공급받고 올바른 식습관을 몸에 배게함으로써 쌀을 중심으로 한 우리 풍토에 맞는 식단의 참모습을 회복하는 데 큰 도움이 될 것입니다.

또한 가정에서의 간식도 쌀을 이용한 것으로 대체시켜 나가는 지혜가 필요합니다. 또한 소주, 맥주, 양주 등에 길들여진 음주문화도 우리 조상들이 생활의 멋과 여유를 위해 다양하게 개발한 민속주 중심으로 변화시키는 것이 바람직할 것입니다.

넷째. 쌀의 산지직거래를 행합시다. 산지직거래 활성화를 위해서는 아파트 부녀회, 소비자단체 등이 생산자 조직과의 연계를 강화해야 합니다. 즉 소비자가 1년 단위로 일정한 양의 쌀을 구매하

우리 쌀 지키기 운동에 참여하려면

'우리쌀지키기 범국민대책회의' 는 시민단체, 여성소비단체, 환경보건단체, 종교단체, 노동단체, 학생단체, 사회운동단체, 학자, 농민단체 등 총 181개 단체로 구성되어 있습니다. 우리 밀 살리기와 마찬가지로 우리 쌀 지키기에 같이 하고 싶은 사람은 우리 쌀 지키기 대책회의의 개인후원 회원이 되면 됩니다.

이들 후원회원은 대책회의에서 발행하는 소식지, 자료집, 책자를 받아 보실 수 있으며 대책회의가 개최하는 쌀에 대한 각종 공개강좌에 무료로 초대됩니다.

가입방법은 '농협 001-01-257035 우리쌀' 로 회비를 입금시킨 후 대책회의(전화 762-0498)로 전화를 해주면 됩니다.

회비는 1만원 이상 제한이 없습니다.

기로 약정하고 쌀대금을 보장해주면 생산자가 쌀을 생산해주는 식의 구매약정제도인 것입니다. 이때 서로 가격 및 물량조정 등은 다소 양보하여 농촌을 살리기 위해 애써야 겠습니다.

3. 보다 안전한 식탁을 위하여

다함께 힘을 모아

① 유기농산물을 먹읍시다.

유기농산물은 식품공해의 대안입니다. 유기농산물이란 "화학비료, 살균, 살충제, 제초제, 식품생장조절제(호르몬제), 가축사료의 첨가약제 등을 전혀 사용하지 않거나 최소로 줄이며 농업부산물이나 가축의 분뇨, 자연의 광석분말 등을 최대한 활용하는 농법으로 생산한것 입니다. 때문에 각종 농약에 절은 식품공해를 벗어나는 길은 우리 농산물을 먹는 방법밖에 없습니다.

실제로 영국의 '로담스테트' 농사시험장에서 유기농업의 효과를 위한 실험을 하였다고 합니다. 이 시험장에는 화학비료만을 사용한 밭, 퇴비만을 사용한 밭, 무비료로 경작을 한 밭을 따로 만들어 50년간 실험한 결과, 화학비료만을 사용한 밭의 수확은 14~15년간은 상당한 증산을 나타냈지만 16년째부터는 급격한 생산저하를 보이다가 나중에는 불모지가 되었습니다.

반면 퇴비만을 사용한 밭은 수확이 매년 증가하였고, 무비료로 경작한 밭은 수확이 점점 떨어졌습니다.

이 실험에서 우리가 알 수 있는 것은 50년이 지난 후 화학비료를 준 밭의 수확량이 낮아졌다는 사실입니다. 또한 농작물에게 소중한 땅 속의 박테리아수도 50년간에 걸쳐 조사한 결과 퇴비를 준 밭에서는 점점 증가하였지만 무비료의 밭은 점차 감소되었고, 화학비료만을 많이 준 밭에서는 전멸상태가 되었다고 합니다.

수확량만이 아니라 병충해의 발생, 작물의 품질, 영양가에 대해서도 화학비료를 다량으로 시비한 밭의 작물은 퇴비밭의 작물에 비해 훨씬 열악하였다고 합니다.

이로써 유기농업의 효과와 안정성이 입증된 셈이지요.

그렇다면 유기농산물을 먹으면 무엇이 좋을까요?

1. 무공해농산물이기 때문입니다.

2. 유기농산물은 병에 견디는 힘이 강합니다.

3. 맛과 향기가 좋습니다.

4. 신선도가 오래 지속됩니다.

5. 생산이 증가합니다.

6. 영양가의 함량이 높습니다.

7. 냉해와 한발에 강합니다.

8. 가축과 인간에게 건강을 줍니다.

9. 생태계의 보존으로 공해를 방지합니다.

그러므로 가족의 건강과 생태계를 지키기 위해 우리는 유기농산물을 먹어야 합니다. 우리나라에서는 현재 유기농법에 대한 관심이 증가하고 있지만 아직은 선구자적인 소수의 농민들과 시민단체들이 하고 있을 뿐이어서 매우 열악한 형편입니다.

농민들의 경우는 이미 지력을 잃은 땅에 갑자기 유기농업을 할 경우 생산이 감소된다는 점, 퇴비나 유기질비료의 생산이 쉽지 않다는 점, 어렵게 생산한 유기농산물의 판로가 어렵다는 점 등 때문에 유기농업을 하는 것을 주저하고 있습니다.

소비자의 경우는 인식부족과 과연 무공해일까 하는 의심, 그리고 핵가족의 이기적인 생활태도 때문에 공동체정신으로 전개되는 유기농산물 직거래운동을 귀찮아하는 점 등으로 인해 망설이고 있는 실정입니다.

그러나 우리 농민과 소비자가 같이 사는 방법은 국가적으로 유기농업을 적극 보급, 지도하여 건강한 땅과 국민을 만드는 길밖에 없습니다.

② 유기농산물 직거래 운동에 참여합시다.

유기농산물이 식품공해의 거의 유일한 대안이라면 우리 주부들

은 적극 그 유기농산물을 먹어야 할 것입니다. 현재 유기농법은 UR 시대에 농촌을 살리는 큰 대안으로 떠오르고 있어 농민들의 관심이 높아지고 있고 따라서 농민들 중에도 유기농법을 사용하여 농사짓는 분들이 점점 늘어나고 있습니다.

유기농산물을 먹으려면 유기농법으로 농사짓는 생산자인 농민과 소비자인 주부들의 직거래가 가장 믿을 만한 방법입니다. 직거래를 하면 산지의 생산자와 소비자가 직접 연결되기 때문에 생산하는 방법, 유기농법의 기술정도, 품목 등을 서로 의논하여 믿을 수 있으며 중간상인의 유통마진을 없앨 수 있어 유리합니다.

뿐만 아니라 소비자인 주부들 입장에서도 직거래가 주는 큰 의의가 있습니다. 그 의의를 살펴보면

첫째, 소비자주권을 실천한다는 것입니다.

그동안 모든 상거래는 시장을 중심으로 이루어지다 보니 물건에 대한 선택을 물건을 쓰는 소비자가 하는 것이 아니라 상품을 생산하는 기업 등 생산자 중심으로 이루어져 왔습니다. 즉 소비자는 생산된 상품에 대해 살 것인가 말 것인가의 선택만 할 수 있었던 것입

니다. 그러나 직거래운동이란 소비자와 생산자가 의사소통을 하면서 생산의 과정에 소비자가 참여하여 제품의 질과 내용을 같이 선택할 수 있습니다.

둘째, 유기농산물을 먹음으로써 건강을 지킬 수 있습니다.

셋째, 협동조합 정신을 통해 공동체적 삶을 실천할 수 있습니다.

이 운동은 단순히 직거래를 해서 좋은 음식을 먹는 차원을 넘어 철학이 담긴 하나의 삶의 형태입니다. 왜냐하면 직거래는 보통 공동주문, 공동구입의 형태로 하며 협동적인 삶을 추구하고 있기 때문입니다. 즉 서로 도와 협동적으로 해야만 성과가 나는 것입니다.

생산자의 경우 자기 혼자만 비료나 농약을 안칠 경우 주변에서 몰려드는 해충을 당해낼 수가 없습니다. 때문에 부락이나 마을 등 집단적으로 유기농을 해야 합니다.

소비자의 경우도 시장이 있는 것이 아니라 농촌에서 직접 가정으로 농산물이 배달되기 때문에 일정한 생산비, 운임 등의 채산을 맞추어 주어야 합니다. 또한 농약을 치지 않고 짓는 농사이므로 많은 어려움이 있고 때에 따라 물건의 질이 고르지 못하거나 조금 비싸기도 하고 수급을 맞추지 못하기도 합니다. 때문에 이 모든 것을 소비자들이 어느 정도 감내하면서 직거래운동을 꾸려가는 의식이 있어야 하는 것입니다. 그러기 위해서는 여럿이 참가한 공동체의 모습을 띠지 않으면 안됩니다.

다시 말해 우리나라의 가장 훌륭한 옛 전통인 공동체정신이 십분 살아나는 신명나는 운동인 것입니다. 특히 주부들의 경우는 가정 내에만 매몰되기 쉬운데 이웃 여러 세대들과 공동체로 모여 직거래운동을 함으로써 사회에 대한 관심과 이웃사랑, 농촌사랑, 국토사랑, 나아가 민족사랑을 실천할 수 있는 좋은 기회라고 할 수 있을 것입니다.

넷째, 농민과 우리 농촌을 살릴 수 있습니다.

많은 농민들이 우리 농업의 활로 중 하나로 유기농법에 의한 무농약, 저농약 농산물을 통한 경쟁력 확보를 들고 있습니다. 즉 유기농법으로 농사를 지어야 산성화된 내 땅을 살리고 농약으로 오염된 우리들의 식탁을 안전하게 지킬 수 있다는 것입니다.

또한 우리 국민이 오염되지 않은 우리 농산물을 사먹을 경우 우리의 농촌은 살아나고 이농했던 많은 농민들이 다시 되돌아와 그야말로 "농사천하지대본"이 됩니다. 이렇게 되면 현재 37.5%에 불과한 우리의 식량자급률이 다시 8~90% 이상으로 높여져 선진국들이 식량을 무기로 횡포를 부리든, 국제 식량파동이 나든 안심하고 살 수 있게 됩니다.

하지만 개중엔 과연 유기농법일까 하는 의심이 들어 이운동에 함께 하지 않는 분도 생깁니다. 그러나 이 운동은 소비자도 필요로 했지만 무엇보다도 생산자인 농민들이 가장 절실히 원하는 일이었습니다.

왜냐하면 농약에 의한 최초이자 최대의 희생자는 농민이기 때문입니다. 현재 농촌에서는 농약중독을 경험한 농민이 82%에 이르고 노이로제성 자살이 늘고 있는데 농약을 사용하면 우선 신경계통에 이상이 생기고 정서불안, 불면증 등 가벼운 증상을 시발로 점차 자살을 생각하는 강도가 심해지기 때문이라고 합니다.

그러므로 농민들 스스로가 자신과 그 가족의 건강을 위해 사명감을 갖고 유기농법을 실천하고 있으므로 믿어도 좋을 것입니다.

직거래 운동에 참여하려면

· 현재 직거래 운동을 하는 곳은 한국여성민우회 생활협동조합(521-2088), 한살림(573-0614), 경실련의 정농생협(596-4380) 등이 있습니다. 우선 이곳에 문을 두드려 회원이 되십시오.

· 회원이나 조합원이 되기 위해서는 우선 출자금과 소정의 가입비를 내야 합니다.

가입비는 한살림이 출자금 3만원과 가입비 1천원, 여성민우회가 출자금 2만원과 가입비 1만원, 경실련 생협이 출자금 3만원과 가입비 1천원입니다.

· 가입한 후의 이용방법은 여성민우회의 예를 들어 설명해 보겠습니다.

생활협동조합운동에 관심을 가진 사람들은 주변에서 5가구 이상의 이웃과 함께 공동체를 만듭니다.

공동체를 모으기 힘들거나 5가구가 다 안될 경우는 사무실에 연락하여 비슷한 지역의 사람들을 소개받을 수도 있습니다.

공동체가 모이면 직거래운동과 민우회 생협에 대한 교육을 받은 후 5가구 중 1가구를 우선 봉사자로 정해 원하는 물건을 생협본부에 신청합니다. 이 때 봉사자가 나머지 5가구의 물건을 모두 신청합니다. 그러면 그 봉사자의 집으로 주 1회 농산물을 배달하게 됩니다. 이는 다른 4가구가 물건을 가지러 옴으로써 나누는 동안 서로 만나고 함께 할 수 있게 하기 위함입니다.

봉사자는 서로 돌아가며 하는 것을 원칙으로 삼고 있습니다.

민우회가 이처럼 5가구를 모으고 봉사자를 돌아가며 하게 하는 것은 단순히 유기농산물을 먹음으로 인해 내 가족의 건강만이 목적이 되는 것이 아니라 5가구가 단위가 됨으로 인해 같이 모일 수 있고 이렇게 모여서는 농민과 우리나라 농업의 장래를 생각하고, 환경문제나 여성문제 등을 논의할 수 있는 주부공동체를 만들기 위함입니다. 또한 서로에게 봉사할 수 있도록 돌아가며 물건을 받게 하는 것입니다.

유기농산물 직거래운동에 적극 참여하면 내 가족의 건강도 살리고 농촌도 살릴 수 있습니다. 우리 모두 사명감을 가지고 열심히 이 운동을 전파해야 하겠습니다.

〈함께가는 여성민우회 생협의 공급품목〉 1994년 9월 28일 현재

품 목	단 위	가 격	생산지	품 목	단 위	가 격	생산지
무농약백미	8kg	17,750	홍성	울외장아찌	1kg	8,300	군산
무농약현미	8kg	〃	〃	영광굴비(중)	20마리	12,000	영광
보리	2kg	2,800	괴산	아카시아꿀	2.4l	32,000	노령
검정콩	1kg	5,200	〃	미숫가루	1kg	6,000	
유정란	30알	3,900		딸기잼	1.2kg	10,000	민우회
두부	1모	850		상치	200g	500	홍성
콩나물	350g	600		쑥갓	200g	500	〃
(통)도라지	300g	1,300		시금치	300g	650	〃
해물다시다	150g	1,900	소래	알타리	1단	1,300	〃
쌀조청	1,200g	8,000	경주	부추	1단	1,300	〃
현미식초	0.9l	1,500	영도식품	양파	3kg	2,300	〃
참기름	340ml	10,500	보은	풋고추	200g	500	〃
들기름	340ml	4,700	보은	꽈리고추	400g	1,000	〃
죽염(1회)	500g	5,500	영덕	근대	300g	600	〃
굵은소금	3kg	1,500	임자도	아욱	300g	800	〃
조선간장	0.9l	2,700	생협	쪽파	500g	1,000	〃
고추장	반되병	7,000		고구마	2kg	3,000	〃
건고추	5근	36,000		제천오이	4개	1,300	제천
참김	1속	4,000	진도	피망	200g	1,000	제천
국물멸치	300g	3,000		팽이버섯	150g	2,000	제천
호박엿(사탕)	600g	1,000	울릉도	쇠고기			
미역	200g	2,300	완도	불고기장조림	600g	12,500	한우
표고버섯	200g	6,000		양지사태분쇄	600g	12,500	
햇오징어	1축	11,000	울릉도	쇠갈비	1kg	16,500	
옥수수차	1kg	1,000	보은	쇠등심	600g	13,500	
들깨가루	200g	1,800	〃	돼지고기			
칼국수	600g	2,300	소래	불고기장조림	600g	3,900	
도토리묵	330g	1,000	소래	돈까스분쇄	600g	3,900	
무첨가햄	500g	7,000	〃	삼겹살	600g	4,300	
무첨가소세지	500g	5,500	〃	통닭·토막닭	1kg이상	4,400	
잡곡식빵	450g	1,500		사과	5kg	8,000	홍성
명태어묵	350g	2,500	소래	꼬마토마토	800g	3,000	
명란젓	500g	9,000	강릉	잣	140g	6,800	포천농협
사과쥬스	800cc	2,000	청암농장	**품목은 대표적인 것만 간추린 것임**			

4
마|실|물|이|없|다

주부들의 실천

1. 물 아끼기가 우선입니다.
1. 수돗물을 마실 수 있게 만듭시다.
1. 합성세제를 쓰지 맙시다.
1. 상수원보호와 하수처리시설 완비에 관심을 가집시다.

수질오염이란

1. 수질오염 왜 문제일까요?

산좋고 물맑은 금수강산이라는 우리나라의 물이 언제부턴가 오염되어 마음놓고 마실 수도 없는 지경이 되었습니다. 모두가 물걱정을 하며 전국에서 계속 잇달아 물파동이 나고 있습니다. 우리 주부들도 심각한 물오염에 어떻게 대처해야 하는가 매우 고민하게 됩니다. 왜 우리의 물이 이렇게 오염되었을까요? 그리고 물이 이토록 중요한 이유는 무엇일까요?

첫째, 물은 인간 생명의 근원이기 때문입니다. 우리들 몸은 70~80%가 물로 구성되어 있고 하루에 약 2~3리터의 물을 마시게 됩니다(피의 90%, 신장의 82%, 간의 69%, 뼈의 22%가 물이다).

때문에 오염된 물을 마실 경우 우리 건강에 치명적일 수 있습니다.

둘째, 물은 산업의 원동력이기도 합니다. 산업활동을 위해서도 물은 필수적입니다. 지금 공단에서는 물이 모자라 가동률이 떨어지는 일이 잦아지고 있읍니다. 또한 이로 인한 나라 전체의 손실은 최소한 6조 8천억원에 이르고 있으며 이를 해결하기 위해서 드는 비용이 92년 기준하여 2,430억원이 든다고 합니다. 때문에 기업이 오염방지시설에 돈이 너무 많이 든다는 이유로 공장폐수를 마구 버리는 등 수질오염을 일으키는 것은 자기 발목을 스스로 잡는 결과가 됩니다.

2. 수돗물이 가정으로 오기까지의 과정

수돗물은 상수원에서 취수되어 공업용 및 가정용으로 수도관을 타고 배달되어 각 용도로 사용됩니다. 이렇게 사용된 물은 오수나 폐수가 되어 하수관을 통해 하수처리장으로 보내져 어느 정도 정화된 후 다시 하천으로 흘러 들어가 취수됩니다. 그러나 이 순환체계가 제 기능을 발휘하지 못할 경우 우리가 먹는 수돗물의 오염은 불가피하게 됩니다. 그러므로 우리는 물의 오염구조와 그 오염을 막기 위해 우리가 할 수 있는 실천을 각 단계별로 살펴보아야 하겠습니다.

3. 수질오염의 원인

1) 상수원에서의 오염원인

물은 우선 원래 거둬들이는 원수(原水)가 좋아야 합니다. 그러므로 우리들이 먹는 상수원이 오염되면 제일 처음 과정에서부터 깨끗지 못한 물을 받게 됩니다. 보통 상수원에서의 오염은 크게 생활하수와 산업폐수, 축산폐수, 골프장에서 흘러나오는 농약, 가두리 양식장 등이 원인이 됩니다.

상수원에서의 오염원인 중 가장 큰 것이 생활하수로 인한 오염입니다(60%, 환경처 발표). 그 중에서도 합성세제는 가장 큰 오염원입니다. 그 다음으로, 음식찌꺼기, 폐식용유, 분뇨 등이 주오염원입니다.

그 다음이 산업폐수로 인한 오염입니다(39%). 산업폐수는 산업활동을 하면서 배출되는 폐수로서 우리나라 수질환경보전법에는 15개 항목의 오염물질을 규정하고 있습니다(카드뮴, 아연, 총크롬, 납, 용해성 철, 용해성 망간, 6가 크롬, 수은, 구리, 비소, 피씨비, 유기인, 페놀류 등).

축산폐수로 인한 오염은 대략 1% 정도 되는데 소 한 마리가 사람 40명분의, 닭 한 마리가 사람 한 명분의 분뇨를 배출한다고 합니다. 우리나라에서 한 해동안 발생하는 약 3,000만톤의 가축분뇨 가운데 50%만이 유기질 비료로 이용되고 나머지는 방출됩니다. 그런데 이렇듯 가축분뇨의 질산염에 오염된 수돗물이나 지하수를 계속 마시면 신경계통의 이상과 암 등에 걸릴 수 있다고 합니다.

기타 가두리양식장과 골프장도 큰 오염원입니다.

상수원에서의 오염원 중에서 생활하수는 흔히 그 양에 있어 산업폐수보다 많기 때문에 마치 각 가정의 주부들이 가장 수질을 오염시키고 있는 것처럼 이야기되고 있습니다. 그러나 생활하수는 각

가정 단위로 배출되기 때문에 노력을 통해 그 양을 쉽게 줄일 수 있고 그 독성도 산업폐수에 비해 크지 않습니다. 그러나 정작 산업폐수는 비록 매우 적은 양이 배출된다 하더라도 인체에 치명적인 해를 끼치는 것이 대부분입니다. 왜냐하면 주로 유독성 중금속들이기 때문입니다.

예를 들어 전국에서 하루에 발생하는 폐수는 2천1백만 m^2로 팔당댐에서 한강으로 흘러내리는 수량의 거의 절반이나 되는 엄청난 양입니다.

이 가운데 가장 큰 골칫거리가 산업폐수입니다. 공장에서 나오는 폐수에는 중금속과 국내에서 사용 중인 1만종의 화학물질이 들어 있어 치명적이기 때문이지요.

환경처의 통계에 따르면 산업폐수는 국내 폐수발생량의 39%인 8백11만m^3입니다.

그러나 이런 산업폐수 발생량 집계에는 허점이 있습니다. 배출량이 일정 수준 이상인 1만4천7백15개 허가대상업소의 배출량만을 합쳐서 집계하기 때문입니다.

배출시설 허가대상업소는 전체 산업체 숫자의 0.5%에도 못미치고, 고용인 5명 이상 광공업체수와 비교해도 12~17%에 불과하다는 형사정책연구원의 최근 조사에 비추어 볼 때 실제 산업폐수량은 더 많을 것으로 추정됩니다.

폐수 배출 허가대상업소는 내보내는 양에 따라 1종에서 5종까지 나뉩니다. 이 가운데 하루에 내보내는 양이 3천m^3 이상인 1종 배출업소는 147개로 전체 업소의 1%에 불과하지만, 이들이 하루에 내보내는 폐수는 전체 산업폐수 배출량의 85%나 되는 6백87만m^3에 이릅니다. 반면 하루 배출량 50m^3미만의 영세한 배출업소의 숫자는 전체 업소의 83%인 1만2천1백54곳이지만 여기서 나오는 하루 산업폐수량은 14만7천m^3로 전체의 1.8%에 불과해 대기업에 대한 폐수 단속이 얼마나 중요한가를 알 수 있습니다.

1991년 대구에서 발생한 페놀사건은 산업폐수의 독성이 얼마나 무서운가를 여실히 증명한 전형적인 사례입니다.

2) 상수원의 정수처리시설 미비로 인한 오염

우리나라의 상수원은 2급 수준을 아직 유지하고 있습니다. COD(생화학적 산소요구량)가 1ppm 이하일 경우 1급수, 3ppm 이하일 경우 2급수, 6ppm 이하일 경우 3급으로 분류하는데 2급수 이하인 경우 상수도물로 쓸 수 있습니다.

반면 우리나라의 정수처리시설은 3급수 처리시설 수준이라고 합니다. 2급수 정도로 정수해 내려면 오존, 활성탄 처리시설이 되어 있어야 하는데 오존의 경우는 아직 시설이 부족하고 활성탄은 거의 사용치 않고 있다고 합니다.

정수장에서는 또 취수된 물에 포함된 물질을 검사하여, 마시기에 적합한 물을 만들어 내보내야 합니다.

그러나 우리나라의 경우는 대장균 검사는 되지만 인체에 치명적인 중금속과 농약에 대한 검사는 소홀한 실정입니다(91년의 환경처 수질검사 항목에는 아예 중금속이 포함되어 있지 않았고 농약잔류기준치, 발암물질 기준치도 없었다고 함).

대구의 페놀사건

1991년 3월 16일, 오후 2시 대구시 다사(多斯)정수지에 가까운 달서구 송현동 주민들이 수돗물에서 나오는 심한 악취를 견디지 못하고 수원지로 연락을 하였다. 그러나 정수장측에서는 원인을 제대로 파악하지 못하다가 밤 9시 정수장의 물이 이미 대구시내 전지역의 급수관을 통해 가정에 도달한 뒤에야 이 불순물이 페놀이란 사실을 밝혀냈다.

당국은 페놀이 유입된 경위가 두산전자 구미공장이 흘려보낸 폐수와 원액때문임을 밝혀냈다. 두산전자측은 TV전자회로 기판원료로 사용되는 페놀수지를 만들면서 배출된 페놀함유 폐수를 소각처리하는 소각로 2기 중 1기가 1990년 고장났는 데도 수리하지 않고 공장지하에 설치된 비밀배출구를 통해 하루평균 1.7톤씩 모두 325톤의 폐수를 방류했던 것이다.

당시 이 사건은 상수원 수질오염이 그때까지 주관심사였던 유기물질이 아닌 페놀 등의 중금속이 원인이 되었다는 데 충격을 주었다. 페놀은 환경처가 유독물로 지정한 물질로서, 동물실험에서 피부암과 생식이상을 일으키고 태아에도 영향을 끼친다는 사실이 확인되었다.

이 사건이 난 후 대구시가 마감한 페놀오염 피해신고에서 임산부 8명이 자연유산, 임신중절 등으로 인한 정신적, 신체적 피해액 5억여원을 신청했고 악취나는 물로 두부, 빵, 콩나물 등을 만든 식품제조업체 등이 물건을 폐기 처분하는 등 1만 2천여명이 24억의 배상신청을 했다. 그리고 두산식품에 대한 불매운동이 전국적으로 행해졌다.

또한 대구시민들의 분노는 페놀을 흘려 보낸 두산전자는 말할 것도 없이 수질관리를 제대로 하지 않은 환경처와 대구시에 모아졌다. 페놀을 방류한 두산전자 구미공장이 몇년 전에도 페놀을 방류, 대구 시내 수돗물에서 악취가 발생해 주민들의 신고가 있었고 3월 2일에도 이와 비슷한 시민의 신고가 있었으나 관할 수자원공사측은 페놀이 음용수기준치인 0.005ppm을 넘지 않았다는 이유로 묵살하였던 것이다.

한편 국내의 수질기준과 수질관리의 부실함도 큰 문제로 제기되고 있습니다. 현재 우리나라의 수질기준은 수질환경기준과 음용수 수질기준으로 양분돼 있는데 대해 대상항목의 추가와 관리체계의 통합 등 개선이 시급하다는 지적이 높습니다.

상수원 관리업무를 맡고 있는 환경처는 하천의 수질환경 기준을 수소이온농도 등 생활환경 항목 5개와 사람의 건강보호 항목 9개 등 모두 14개 항목으로 규정하고 있고 호소의 수질환경기준은 생활환경 7개와 사람의 건강보호 9개 등 모두 16개 항목을 두고 있습니다. 반면 음용수 수질기준 설정업무를 맡고 있는 보사부는 탁도, 색도, 유해화학물질 등 모두 37개 항목을 설정하고 있다.

한국수질보전학회가 91년 학회회원, 오수정화시설 및 환경관리인 등 수질전문가들을 대상으로 한 설문조사 결과에 따르면 반수가 넘는 60.5%가 하천의 수질환경기준이 조정돼야 한다고 답했습니다. 하천의 환경기준으로 시급히 첨가해야 할 항목으로 이들 전문가는 농약류와 화학적 산소요구량(COD) 등을 들고 있습니다.

즉 날로 사용량이 늘어나는 농약류를 단지 건강보호 항목에 유기

유해화학물질·중금속엔 속수무책

지난 17일 오후 3시께 국내 정수처리 실태를 파악하기 위해 이 분야의 전문가인 남상호 교수(건국대 환경공학과)와 함께 우리나라에서 가장 오랜 역사를 가진 서울 성동구 뚝도정수장을 찾았다.

1908년에 세워진 뚝도정수장은 당시의 정수시설은 한쪽에 수도박물관으로 보관하고 현재 5개 공장에서 하루 1백만톤의 수돗물을 생산해 서울의 종로구, 중구, 용산구, 마포구 등 8개구에 공급하고 있다. 몇가지 점을 제외하면 이 정수장은 국내의 일반정수처리 공정의 표본격이다.

정수공정에서 가장 핵심적인 논란은 이 정수장을 포함해 국내 760개 정수장이 택하고 있는 이른바 '일반정수처리 공정'이 현재 상수원의 수질을 충분히 정화해줄 수 있는가 하는 점과 정수처리 과정에서 새롭게 발생하는 유해물질 문제이다.

일반정수처리는 비교적 큰 유기물질을 포함한 부유물질을 제거하는 여과와 물속의 병원균을 소독하는 과정으로 진행된다.

정수장의 취수구에서 침사지로 옮겨진 물은 수심 몇십cm 아래가 안보일 정도로 부옇지만, 정수약품을 투입하여 모래여과지를 경과하면서 눈에 띄게 탁도가 개선되고 최종 여과수에서는 거의 맑은 물이 되었음을 확인할 수 있었다. 소독제인 염소의 투입량도 최종 처리수에서 0.8ppm으로, 일부가 날아가더라도 수도꼭지에서 0.2ppm을 유지할 수 있는 적정량이라고 남 교수는 설명했다.

그러나 남 교수는 "일반정수처리의 목적은 주로 탁도를 낮추고 병원성 세균을 소독하는 등, '맑은물'을 만드는 데 그치고 있다"며 "유해화학물질이나 유해중금속 등 새로운 오염원에 대해선 속수무책"이라고 말한다. 여과와 소독을 거치는 단순한 방법으로는 새로운 수질오염의 문제에 대처할 수 없다는 문제제기인 것이다.

이와 관련해 건설기술연구원은 상수원으로부터 유입되는 유해화학물질 중 합성세제류의 경우 현재의 정수장치로는 20~40% 밖에 제거되지 않는다고 발표한 적이 있다.

또 하천에서 발생빈도가 갈수록 증가하는 조류는 비린내, 진흙내, 풀내 등 수돗물의 냄새를 변질시키는 원인이 되지만 이 역시 현재의 일반정수처리로는 제거되지 않는 것으로 알려져 있다.

한편 오염된 물을 깨끗이 정수하는 과정에서 새롭게 발생하는 트리할로메탄(THM)과 잔류 알루미늄 등 유해물질은 인체에끼치는 치명적 영향 때문에 더욱 심각한 문제이다.

즉 물속의 유기물질과 소독을 위해 투입되는 염소가 결합해 형성되는 부산물로 발암물질의 일종인 이 트리할로메탄은 일반정수처리시설에서 유기물질 제거율이 40~60% 정도에 불과한 현 실정에서 소독제로 염소를 계속 쓰는 한 '구조적인 문제'라고 학자들은 말하고 있다. 연세대 정용 교수는 기준치 이하의 검출 여부보다도 장기간 축적으로 인한 '위해도'를 중시해야 한다며, 수돗물의 트리할로메탄 평균치가 0.02~0.05ppm인 우리나라의 경우 이로 인한 발암환자가 1만명당 최고 5명이라고 최근 발표해 눈길을 끌었다.

여과를 촉진하기 위해 응집제로 쓰는 황산알미늄, 폴리염화알루미늄에서 발생하는 잔류 알루미늄 문제는 트리할로메탄에 비해 비교적 덜 알려져 있으나 인체에 끼치는 영향은 더욱 치명적이다.

현재 정수처리의 문제점은 트리할로메탄은 이산화염소나 오존처리로, 유해중금속, 유해화학물질 등은 흡착력이 강한 활성탄 여과방식 등 이른바 '고도정수처리'로 어느 정도 개선할 수 있다. 그러나 고도처리방식은 기존의 방식에 비해 비용이 1천배 가량 더 드는 것으로 달려져 있다. 남교수는 "사실상 이미 나빠진 상수원수의 수질오염을 공학적인 문제로 해결하는 데는 기술적, 경제적 한계가 있으므로 하수처리 시설을 늘리는 등 상수원의 수질개선이 최우선 과제일 수밖에 없다"고 지적했다.

(한겨레 신문, 1993.9.22)

인으로 묶어 관리하는 것은 실제 사용하는 농약의 종류가 용도에 따라 매우 다양해 실효성이 없다는 지적이고 또 화학적 산소요구량의 경우 하천에서의 난분해성 화학물질의 오염정도를 파악하기 위해 포함돼야 한다는 것입니다.

예컨대 미국 환경보호청은 현재 90개 항목을 규제하고 있고 세계보건기구는 44개인 권장기준치를 올해 안에 확대개정할 방침입니다. 일본은 올해를 '신수질 원년'으로 공표하고 음용수 수질기준을 대폭 강화해 수질기준항목 46개, 감시항목 26개와 더불어 '맛있는 물'에 대한 목표항목 13개까지 설정해두고 있습니다. 이에 비해 99년까지 245개 유해물질 조사를 끝내겠다는 보사부 방침은 안일한 발상이라고 전문가들은 지적합니다.

한편 수질관리체계가 분산돼 자료의 객관성에 혼란을 일으키는 것도 문제로 지적되고 있습니다. 현재 수질검사는 환경처가 환경기준에 따라 하는 원수 수질검사, 시·도 정수장이 환경기준과 음용수 기준에 따라 각각 하는 두 가지 원수검사가 있고 보사부와 정수장이 별도로 하는 정수 수질검사까지 무려 5가지가 있습니다. 후생성

이 수질관리를 통괄하는 일본의 예처럼 수질관리를 보건위생당국
으로 일원화하고 나머지 관계기관이 여기에 복속하는 관리체계의
개선이 시급하다고 전문가들은 말하고 있습니다.

3) 상수도관의 노후와 낮은 하수도율로 인한 오염

정수단계에서 어느 정도의 수질이 유지된다 해도 급수 도중에 수
도관이 낡아 녹이나 미생물 등으로 다시 오염된다면 깨끗한 물을 마
실 수 없습니다. 그런데 현재 우리나라는 상수도관이 노후되어 있
는 실정입니다. 때문에 급수단계에서 어느 정도의 수질을 유지하는
물도 낡고 틈이 벌어진 상수도관을 통과하면서 각종 오염물질이 침
투하고 있습니다. 이는 특히 가정에서는 알 수가 없는 문제이므로
더욱 심각하다 하겠습니다.

그래서 정부에서는 현재 노후된 수도관을 교체하고 있으므로 주
택단지의 경우는 옥내배관이 녹슬지 않았는지 수시점검하여야 합
니다.

소비된 물을 정화하여 새로운 수자원으로 공급하는 시설인 하수

처리장도 다른 시설기반투자에 비해 떨어진다고 합니다. 92년 말의 하수처리율은 37%로서 82년 영국 92%, 86년 미국의 73% 등 선진국과 비교해 매우 낮은 편입니다.

때문에 하수처리율을 빨리 높여 더러운 물이 그냥 하천으로 빠져나가지 않도록 해야 하겠습니다. 서울시내의 경우도 하수발생량이 하수의 처리능력을 초과, 처리가 안된 생활하수가 한강물을 오염시키고 있습니다. 이는 특히 신시가지 개발에 따른 인구 증가와 함께 시내 대형건물에서 배출되는 하수량이 많기 때문인 것으로 알려져 있는데(롯데월드가 4,291톤, 호텔롯데 3,182톤, 쉐라톤워커힐 2,167톤, 농수산물도매시장 3,535톤 등) 그러나 하수도세는 이들 대형 하수배출업소에게 도리어 혜택을 주고 있고 상대적으로 소량을 배출하고 있는 서민들이 하수처리시설비를 많이 물게 하고 있다고 하므로 제도적인 보완이 있어야 할 것입니다.

4) 물탱크에서의 오염

아파트의 경우는 지하 저수탱크에 저장되어 있던 물이 아파트 옥상탱크까지 올라간 뒤 각 가정에서 급수되는데 그 과정에서 수돗물이 오염되는 수가 있습니다. 연 2회 물탱크를 청소하게 되어 있으나 하지 않을 경우 물이 오염되기 때문입니다. 그러므로 물탱크를 제대로 청소하고 있는지를 부녀회나 아파트 주민회에서 관심을 갖고 보아야 합니다. 아파트의 물탱크는 보통 구청 위생과에 등록되어 있는 물탱크 청소업체에 맡기게 되므로 업체가 물탱크청소를 제대로 하는지 확인합시다.

다음으로 아파트 물탱크 재질이 녹이 잘 스는 것인지 확인합시다. 녹이 잘 스는 재질인 경우는 에폭시코팅을 입힌 재질로 바꾸어주면 녹이 슬지 않게 하기 위해 칠하는 방청제로 인한 오염을 막을 수 있습니다.

또한 일부 아파트에서는 물탱크가 필요 이상으로 용량이 커 물이 썩기도 하며 10일 이상 된 물을 보급하기도 한다고 합니다.

| 아파트 물탱크용량기준 턱없이 커 |
| 장시간 저수 세균오염 '구멍' |

20가구 이상 공동주택(아파트)의 물탱크용량기준이 사용량에 비해 지나치게 커 가정에서 받아마시는 수돗물의 수질을 나쁘게 만드는 원인이 되고 있다.

23일 서울시에 따르면 서울시민 1가구당 하루 평균 수돗물 사용량은 0.6톤인데 비해 많은 아파트의 물탱크용량 기준이 가구당 3톤이상으로 돼있어 평균 2톤이상의 물이 탱크에서 이틀을 보낸 뒤에야 각 가정에 공급되고 있다는 것이다.

이에 따라 물의 흐름이 정체되고 수돗물에 넣은 소독용 염소성분이 빠져나가 각종 세균오염 가능성이 크게 높아지고 있다.

서울시 관계자는 서울시내 아파트 1천2백70개 단지 가운데 물탱크 용량이 가구당 3톤 이상부터 최고 15톤까지 되는 곳이 10% 이상을 차지하고 있다고 밝혔다.

서초구 잠원동 한신 2차아파트는 1천5백72가구에 하루 9천3백75톤의 물을 공급할 수 있는 탱크를 가지고 있어 가구당 평균 6톤 꼴이다. 1천2백12가구가 사는 신반포 4차의 경우는 9천1백89톤으로 무려 가구당 7.6톤에 이르고 있다. 심지어 서초구 양재동 양재우성아파트(8백48가구)는 하루 공급량이 1만3천1백82톤으로 가구당 15.5톤 규모이며, 노원구 월계3동의 월계시영아파트도 3천9백30가구가 1만6천8백31톤(가구당 4.3톤)의 탱크를 사용하고 있다.

이에 따라 이들 아파트 주민들이 사용하는 물은 정수장에서 염소소독을 한 지 최고 보름에서 나흘이 지난 상태인 셈이다.

시 상수도사업본부관계자는 "단수사태가 자주 일어났던 과거엔 비상급수용 개념으로 탱크용량이 클 필요가 있었지만, 현재는 급수상태가 양호한 편이고 시민의 의식이 좋은 질의 물을 사용하려 한다는 점에서 현행 탱크용량 기준은 불합리하다"고 말했다.　　　　　(한겨레 신문 93.8.24)

5) 아파트 내 청·온수배관의 문제점

현재 일반 아파트 내 청·온수배관이 5년만 넘어도 맑은 물을 마시기에는 심각할 정도로 부식이 심한 것으로 드러났다고 합니다. 한국건설방식기술연구소(소장 李義鎬)가 1992년 10월부터 최근까지 서울시 강남, 서초, 송파, 영등포, 노원 등 5개구에서 각각 1개의 아파트를 선정해 청·온수 배관의 부식실태를 조사한 바에 따르면 건축 15년 이상된 영등포구의 H아파트(75년 준공) 등은 배관단면적의 90% 이상이 녹으로 꽉 막혀 있다시피한 상태인 것으로 밝혀졌습니다. 또 지은 지 5년이 조금 넘은 노원구 B아파트는(88년 준공) 단면감소율이 청수관은 최고 30%, 온수관은 60%에 이를 정도로 배관이 크게 부식된 것으로 조사됐습니다. 또 송파구의 H아파트(85년 준공), 강남구의 G아파트(80년 준공) 등도 청수관의 경우 단면적의 50~70%, 온수관은 90% 정도가 막혀 있는 것으로 나타났습니다.

이 조사대상 아파트의 배관은 모두 아연 도금강으로 일본 등 선진국에서는 부식이 심해 이미 사용을 금지해 온 것이지만 우리나라의 아파트배관은 전체 물량 중 아연도금강이 약 80%를 차지하고 있습니다. 아연도금강에 녹이 잘 생기는 것은 수돗물 속에 살균용으로 섞여 있는 염소가 부식을 촉진하기 때문으로 알려져 있습니다. 아연도금강은 특히 온수에서 잘 부식되는데 이번 조사에서도 온수관이 청수관보다 단면감소율이 두배 가까이 높은 것으로 드러났습니다.

건설부에 따르면, 현재 이 소장은 "이번 조사결과 준공 5년내 아파트의 청수관을 제외하고는 모두 단순수리가 불가능한 것으로 나타났다"며 이 경우 교체가 최상의 방법이라고 말하고 있습니다.

어떤 물을 마실까?

1. 지하수(약수) 무엇이 문제일까요?

지하수란 지표에서 스며든 물을 말합니다. 지하수는 보통 마실 물로 적당하지만 지표수나 땅이 오염되어 있으면 따라서 오염될 수밖에 없습니다.

오염된 지하수를 식수로 사용할 경우 마시는 사람에게 큰 해를 줍니다. 뿐만 아니라 무분별하게 지하수를 퍼서 식수로 사용하는 것은 전체 지하수의 고갈 및 오염이라는 환경문제를 일으킵니다.

예를 들어 1993년 6월 오염된 지하수를 마셨을 경우 발생하는 '청색증' 환자가 국내 최초로 발견된 것입니다. 청색증이란 오염된 지하수 안에 포함된 질산염(나이트레이트)이 혈액안의 헤모글로빈과 결합해 체내 산소공급을 중단시킴으로 온몸이 파랗게 변하고 호흡

지하수 유해화학물질 침투 무방비

최근 몇년간 이루어진 실태조사들에 따르면 전국의 지하수가 심각하게 오염돼 있다고 한다.

지하수는 한 번 오염되면 복구가 매우 어렵다는 점에서 심각한 우려를 자아낸다.

최근에 실시한 환경처의 '지하수 수질 개황조사' 결과에 따르면 유해물질인 트리클로르에틸렌(TCE)이 전국 20여 곳의 공단 또는 공장밀집지역에서 검출되었다. 이 물질은 경남 양산공단 북정공업지구에서 가장 농도가 높은 83ppm으로 나타나 환경기준치인 0.03ppm의 2,740배에 이르렀고 이어 경남 창원시 웅남동 2.3ppm(환경기준치의 76배), 서울 구로구 가리봉동 1.74ppm 등의 차례였다. 트리클로르에틸렌은 인체에 중추신경장애나 암을 유발할 수 있는 물질로 알려져 있다.

일반오염물질로는 인체에 청색증을 일으킬 수 있는 질산성 질소가 충북 음성군 금왕면 봉곡리 등 89곳에서 환경기준치를 넘었고 수소이온농도(ph)는 전남 목포시 연산동 등 10개 지역에서 환경기준치 5.8 미만의 강산성을 나타냈다.

제주도는 땅이 수분흡수력과 투수력이 큰 화산암으로 되어 있어 지상의 오염원이 지하수로 스며들기 쉽기 때문에 오염원 규제대책이 시급한 현안으로 대두되어 있다. 이와 관련해 제주도 전역의 지하수 가운데 일반세균과 대장균으로 오염된 지하수 비율이 80년대 초에는 20~30%였으나 90년대 들어 60% 이상으로 급격히 높아진 것으로 각종 조사결과 나타나고 있다. (한겨레신문, 1993.10.13)

곤란 등의 증상을 나타내는 보기 드문 질환으로서 특히 체내 산화 방지 능력이 약한 유아나 어린이에게서 발병률이 높습니다. 이번의 발견 경위 역시 수돗물을 불신한 부모가 생후 10일 된 갓난아이에게 지하수에 분유를 타먹여 일어난 것입니다. 한양대 의대와 서울시 환경연구원이 이 신생아가 먹은 서울시 중랑구 신내동 일대의 지하수에 대한 수질검사를 한 결과 8군데의 지하수에서 30∼298ppm의 질산염이 검출됐습니다. 따라서 비료에 의해 질산염에 오염될 가능성이 높은 농촌지역이나 대도시 아파트 단지에서 수돗물을 불신한 주민들이 부분별하게 지하수를 식수로 사용할 경우 매우 주의해야 합니다.

특히 잘못 오염된 지하수를 마시지 않으려면 지하수는 마시기 전에 반드시 수질검사를 거쳐야 합니다.

개인이 지하수(약수)의 검사를 원할 땐 구청 보건소에 수질검사를 신청하면 됩니다. 8개 항목에 걸쳐 음료로서 적당한지 여부를 검사해주며 가격은 1만원입니다. 보다 더 자세한 검사를 해보고 싶을 땐 서울시 보건환경연구소(전화 570-3114)에 의뢰하면 됩니다. 총

37개 항목에 걸쳐 검사해 주며 비용은 11만 2,010원, 기간은 32일 소요.

특히 공단 주변이나 수질오염원 주변에서 지하수를 식수로 이용하는 사람들은 더욱 위험하니 반드시 수질검사를 해야 합니다.

또한 약수는 반드시 냉장고에 넣어 차게 마셔야 대장균의 번식을 막을 수 있습니다.

2. 생수 무엇이 문제일까요?

수돗물을 불신하여 또 많이 찾는 것 중 하나가 생수입니다.

요즈음엔 생수시판이 허용되어 생수를 찾는 사람이 더욱 늘어날 전망입니다. 그러나 생수는 과연 안전할까요?

지하 암반층의 물을 퍼올려 침전, 여과 등 간단한 물리적 공정을 거치는 생수의 제조과정은 사실 가정용 정수기의 확대판 정도로 단순하다고 합니다.

특히 생수에서 가장 문제가 되는 것은 일반세균의 검출 가능성입니다.

경남대 환경보호학의 양운진 교수에 의하면 "세균은 재활용하는 용기의 세척과정에서 남게 되는 세균잔해 등 유기물을 먹이로 삼아 원수 속에 미량 들어 있는 세균이 장기간 보관과정에서 번식하기 때문"이라고 합니다.

보통 1.8리터짜리 대형용기는 주로 가정과 사무실에 배달되고 1주일 가량 먹게 되는데 제조·배달에 쓰는 하루 이틀정도까지 보태면 한 용기의 유통기한은 최소한 8~9일인 셈입니다. 서울대 미생물학과의 김상종 교수가 지난 90년 보관일자별로 생수의 검출세균을 조사한 결과에 따르면 조사대상 7개 중 용기를 개봉한 날 기준치를 넘어선 것이 4개였고 나머지도 대부분 1~2일 만에 기준치를 넘어섰습니다.

그리고 생수용기에서 유해물질이 녹아나올 수 있으며 폴리에스틸병은 물 속에 있는 물질이 병에 흡착되는 현상이 발생할 수도 있다고 합니다.

음용수의 음용적부 판단을 위한 수질검사 항목 및 기준	
검사항목	기 준
1.색도	5도를 넘지 아니할 것
2.탁도	2도를 넘지 아니할 것
3.냄새,맛	소독으로 인한 냄새와 맛 이외의 냄새와 맛이 있어서는 아니될 것
4.암모니아성 질소	0.5mg/리터를 넘지 아니할 것
5.질산성 질소	10mg/리터를 넘지 아니할 것
6.일반 세균	1cc 중 100을 넘지 아니할 것
7.대장균	50cc 중에서 검출되지 아니할 것

　특히 지하수로 생수를 만드는 경우 지하수 자체의 오염을 제거할 수 있을 만큼 생수를 만드는 과정이 믿을 만한가, 그리고 음용수 기준에 적합한가를 따져보아야 합니다. 뿐만 아니라 생수시장의 규모가 커지면서 무허가업체가 난립하거나 시설이 빈약한 업체들이 오염된 물을 팔지 않도록 엄격한 기준과 감시가 있어야 하겠습니다.

　게다가 생수 한 병은 거의 석유값과 맞먹을 정도로 비쌉니다. 그러므로 생수를 사먹을 경우 경제적인 여유가 없어 수돗물을 먹는 대부분의 사람들의 형편을 생각해 보아야 하지 않을까요? 경제적인 여유에 상관 없이 모두가 먹는 물은 수돗물인데 자칫 이런 수돗물 살리기에 노력하기보다는 나만 생수를 사먹음으로 해서 깨끗한 물을 먹으면 된다는 생각에 빠지면 안되겠습니다.

　집에서 받는 생수가 과연 마시기에 적합한가를 알아볼 수 있는 수질기준은 다음과 같습니다.

특정물질의 수질기준					(단위 : ppm)
항목 \ 국가	한국	WHO	EEC	미국	일본
항 목 수	1	18	5	17	4
알드린	—	0.00003	—	—	—
클로르단	—	0.0003	—	0.02	—
DDT	—	0.001	—	—	—
디엘드린	—	0.00003	—	—	—
엔드린	—	—	—	0.002	—
헵타클로르	—	0.0001	—	0.0004	—
〃 — 에폭사이드	—	0.0001	—	0.0002	—
린단	—	0.003	—	0.0002	—
메록시클로르	—	0.03	—	0.4	—
특사피엔	—	—	—	0.005	—
2, 4 — D	—	0.1	—	0.07	—
2,4,5 — T	—	—	—	—	—
2,4,5 — TP	—	—	—	0.05	—
트리클로르에칠렌	—	0.03	—	0.005	—
테트라클로에칠렌	—	0.01	—	0.005	0.01
트리콜로르에탄	—	—	—	0.2	0.3
트리할로메탄	0.1	0.1	—	—	0.1
폴리클로르비페닐	—	—	—	0.0005	—
바륨	—	—	0.1	5	—
세레늄	—	0.001	0.01	0.05	—
마그네슘	—	—	50	—	—
칼슘	—	—	100	—	—
알루미늄	—	0.2	0.2	0.05~0.2	—
크로스베타	—	27pCi/1	—	—	—
라듐	—	10pCi/1	—	—	—
스트론튬	—	30pCi/1	—	—	—

(서울특별시 상수도사업본부 92년도 6월 자료)

3. 정수기 무엇이 문제일까요?

물을 안심하고 먹기 위해 10만원대부터 300만원대까지의 정수기가 각자 완벽한 정수능력을 자랑한다며 시중에 나와 있습니다. 그러면 과연 선전 그대로 정수기가 완벽하게 물을 정수해 낼 수 있을까요? 일부 정수기에서는 정수기가 모든 물질을 걸러내다 보니 수돗물의 살균작용을 하는 염소까지 걸러내 정수된 물이 훨씬 세균번식이 쉬워지는 결과를 낳고 있습니다. 특히 역삼투압방식 정수기의 경우 세균번식의 위험이 크다고 합니다.

또한 정수기는 필터를 자주 갈아주지 않으면 오히려 오염된 물을 먹게 됩니다. 특히 외국산 정수기의 경우 국내의 물을 정수하는 데 부적합할 수 있으므로 잘 보고 사야 합니다.

무엇보다도 여러 종류의 정수기가 있지만 성능에 대한 정확한 평가가 안되고 있는 것이 문제입니다.

실제 시중에서 최고 100만원대의 고가로 팔리는 정수기 중 상당수가 인체에 유해한 중금속, 염기성물질 등 불순물을 제대로 여과해내지 못하는 부적격품인 것으로 드러나고 있습니다. 이같은 사실은 정부공인 수질검사기관인 한국수도연구소(소장 김정근)가 시판 중인 정수기 54대를 대상으로 37개 수질검사항목별로 정수성능을 분석한 결과 밝혀졌습니다.

분석결과 청색증을 유발하는 질산성질소의 경우 C, H, W 등 9개 제품만 90% 이상 여과해 적격판정을 받았으며 I, D, M 등 7개 제품은 전혀 여과하지 못했습니다. 염소이온은 S, D 등 8개 제품이 적격품이었고 K, G 등 20개 제품은 여과율이 10% 미만이었습니다.

중금속의 경우는 D, H사 등 4개 제품은 카드뮴을, G, K, H사 등 9개 제품은 망간을, G사제품은 수은을, S, H사 등 4개 제품은 철을 전혀 걸러내지 못했습니다. 이와 함께 W, K사 제품은 정수 이후 황산이온 농도를 오히려 높였고, S사 제품은 대장균오염도와 물의 탁도를 심화시켰습니다.

반면 C, S, W사 등 역삼투압 방식의 일부 100만원대 고가제품은 인체에 이로운 미네랄까지 100% 여과, 증류수화하는 것으로 나타났습니다(중앙일보, 1993.11.29).

4. 수돗물을 마셔야

1993년 5·6월에 걸쳐 서울시가 실시한 '서울시민 종합여론조사'에 의하면 수돗물을 먹는 물로 이용하고 있는 가구수는 전체의 60.1%, 곧 40%는 수돗물을 먹지 않고 있는 것으로 나타났습니다. 그런데도 물오염에 대한 해답이 왜 '수돗물을 마시자'일까요?

첫째는 생수, 약수, 정수기가 모두 믿을 만하지 않기 때문입니다.

둘째는 앞날의 환경을 생각한다면 수돗물을 마셔야 할 것입니다.

그 이유는 우리가 마구 쓴 합성세제가 마실 물 속에 섞여 다시 우리집 수도꼭지로 나오듯, 수돗물이 불안하다고 하여 생수를 사마시거나 정수기를 달 경우 과연 근본적인 해결이 될 수 있겠는가 하는 점입니다. 특히 생수 한 통이 석유 한 통값과 맞먹는 현실에서 과연 삶의 여유가 많지 않은 서민층이 수돗물 이외의 식수를 비싼 돈으

로 사마실 엄두를 낼 수 있을까를 생각해 보아야 한다는 점입니다.

수돗물의 오염을 방지하기 위한 노력 없이 그 해결책으로 단순히 생수나 정수기를 제시하는 것은 나만 돈 있으므로 안전한(실제 그렇게 안전하지도 않지만) 물을 사먹으면 그만이라는 이기적인 발상에 그치고 말지 않을까요?.

그러므로 안전하고 깨끗한 물을 마시기 위해서는 무엇보다도 수돗물을 안심하고 마실 수 있도록 만드는 데에 모두 앞장서는 것이 우리의 대안이 되어야 할 것입니다. 안심하고 마실 수 있는 수돗물을 만들기 위한 우리의 노력은 우리 후손을 위해서도 꼭 해야 할 일입니다.

5. 수돗물을 좀 더 안전하게 마시려면

① 물을 받아놓았다 먹는 방법

수도꼭지에서 나오는 물을 넓은 그릇(스텐레스 그릇이 좋습니다)

에 받아서 하룻밤을 지낸 후 침전물이 가라앉으면 윗부분 2/3만 떠서 마시면 좋습니다. 물을 받아 놓으면 염소가 일부 날라가고 물속에 녹아 있는 중금속 등이 밑으로 가라앉기 때문입니다.

② 물을 끓여 먹는 방법

트리할로메탄은 끓이면 성질상 휘발하기 때문에 가장 안전하게 마시려면 하루쯤 받아놓았다 그 물을 끓여 마시면 좋습니다. 끓이는 것은 여름엔 2~3분, 겨울엔 5~7분이 적당하다고 합니다.

③ 수도꼭지의 물은 보통 2~3분 정도 흘려버린 후 마신다.

급수관 속에 고여 있던 물은 흐르는 물보다 납의 농도가 높기 때문에 수도꼭지를 틀어 흘려 보내야 합니다. 특히 수돗물을 데워 온수로 쓰는 아파트에서는 물을 받았을 경우 눈이 아픈 느낌이 드는 경우가 있는데 이는 물 속의 염소가 가열되어 기화되었다가 수증기와 같이 섞여 나오기 때문이라고 합니다. 절대로 온수관의 물은 식수로 사용치 말고 찬물을 끓여 사용합시다. 파이프나 연결관의 납은 차가운 물보다 뜨거운 물 속에서 쉽게 녹기 때문입니다.

④ 얼려서 먹는 방법

수돗물로 만든 얼음은 탁한 부분이 있는가 하면 투명한 부분이 있습니다. 탁한 부분은 트리할로메탄 등 불순물질이 모여 있는 곳으로 이 부분을 제거해 버리면 순도가 높은 물을 얻을 수 있습니다. 물은 순도가 높은 부분부터 얼기 때문에 반정도 얼었을 때 얼지 않은 부분의 물을 버리면 나머지는 맑은 물을 얻을 수 있습니다.

깨끗한 수돗물을 만들기 위해 주부들이 해야 할 일

다함께 힘을 모아

① 상수원 보호정책에 관심을 갖고 잘못된 정책을 고칠 것을 요구합시다.

상수원 보호지역 주변에 공단설치, 골프장건설, 축산업, 가두리 양식장 등의 설치를 인가·허가해주는 것을 막읍시다.

② 상수원보호구역의 오염원에 대한 철저한 관리가 이루어지고 있는지 감시하고 효과적인 대책을 요구합시다.

상수원 보호구역 주변의 골프장, 축산업, 공장 등의 폐수처리시설이 정상적으로 가동되는지에 대해 감독을 해야 하겠습니다.

③ 하수처리시설을 늘리고 제대로 관리되도록 요구합시다.

④ 집주변에 물을 더럽히는 시설이 있는지 잘 살펴봅시다.
이들 시설들이 물을 오염시키는 행위를 발견했을 때는 각 구청 환경과로 신고합시다.

⑤ 지역 수도사업의 현황에 관심을 가지고 길이나 공공장소에서 누수를 발견했을 때는 신고합시다.

⑥ 낡은 수도관의 개체와 보수를 요구합시다.
우리나라 수질오염의 원인 중 현재 가장 먼저 고쳐져야 하는 것이 낡은 수도관을 바꾸고 보수하는 일입니다. 상수원의 물이 처리장에서 어느 정도 정수가 되어 가정으로 보내진다 해도 수도관이 낡고 틈이 벌어진 경우 각종 오염물질이 침투하여 결국 가정에서는 나쁜 물을 받게 됩니다. 우리 집으로 들어오는 수도관의 상태는 어떤지를 점검하고 만일 낡았다면 수도관을 바꾸고 보수해야 합니다.

서울시 수도사업소 관할구역 및 전화번호

사업소명	관할구역	전화번호
중부수도사업소	종로구, 중구 관할	253-5831
서부수도사업소	용산구, 마포구	364-9762~3
동부수도사업소	성동구, 중랑구	281-2521~2
성북수도사업소	성북구, 동대문구	928-3000, 927-4802
북부수도사업소	도봉구, 노원구	984-7180, 987-5011
은평수도사업소	은평구, 서대문구	730-3850~1
강서수도사업소	양천구, 강서구	654 -0121~2
영등포수도사업소	구로구, 영등포구	857-4452, 855-3000
남부수도사업소	동작구, 관악구	874-8521~2
강남수도사업소	서초구, 강남구	576-0678, 588-3000
강동수도사업소	송파구, 강동구	475-9652, 478-3000

수도미터기에서부터 집안내의 수도관은 자비 부담으로 교체할 수 있습니다. 아파트 수도관도 밖에 별도로 나와 있으므로 교체할 수 있습니다.

수도미터기에서부터 집밖의 수도관 교체는 시(市)의 부담으로 수도사업소에서 공사해주므로 문의하여 낡은 경우 교체합시다.

⑦ 중수도설치의 타당성을 검토하도록 관계부처에 건의합시다.

중수도(하수도시설을 개선하여 허드렛물을 다시 가정에서 모아 사용할 수 있게 만든 시설)를 설치하면 쓰다 남은 허드렛물을 다시 이용할 수 있어 물을 아낄 수 있습니다.

또한 가정에서 세면기의 물이 바로 변기 물받이로 연결되도록 하는 시설을 개발하도록 요구합시다.

⑧ 절수용 수도꼭지를 개발, 보급하도록 요구합시다.

⑨ 상수도에 관한 모든 문의는 수도사업소에 연락하면 됩니다.
상수도 기동서비스의 내용은 간단한 옥내외 고장 수도시설의 수리, 소출수, 수질검사, 누수탐지 등 상수도 관련 민원 등입니다. 신고전화는 국번 없이 121번 또는 각 수도사업소 급수운용실로 문의하면 됩니다.

나부터 열심히

1) 가정에서 물 아끼기

물은 곧 돈입니다. 여름이면 식수난을 겪는 곳이 많은 데다 산업 활동을 위해서도 물은 필수적입니다. 지금 공단에서는 물이 모자라 가동률이 떨어지는 일이 잦아지고 있으며 이로 인한 나라 전체의 손실은 최소한 6조 8천억원, 이를 해결하기 위해서 드는 비용은 2,430

누수대상	누 수 상 태	누수량	추가수도요금
수세식 변기	• 변기의 밑부분에 연필크기 정도의 의 물이 흐르고 있을 때	50톤	9,860원
	• 변기의 밑부분과 벽면에도 물이 흐르고 있을 때	130톤	29,860원
	• 똑똑 누수(1분간 60개의 물방울이 떨어짐)	1톤	90원
수도꼭지	• 가늘게 누수(1미리 정도)	6톤	540원
	• 가늘게 누수(2미리 정도 내지 성냥개비의 굵기 정도)	16톤	2,140원

억원(92년도 기준)이 된다고 합니다.

또한 수돗물을 만드는 데 92년 한 해동안 2,871억원이란 엄청난 비용이 들었습니다. 때문에 모든 전문가들은 앞으로는 지금처럼 물을 싸게 쓸 수 없을 것이라고 경고하고 있습니다. 벌써 생수의 경우는 비싸게 사먹고 있습니다. 그러므로 물오염을 막고 깨끗한 물을 얻기 위해 우리가 해야 할 가장 중요하고 우선적인 실천과제는 "물 아끼기"여야 합니다.

물을 아끼기 위해서는, 항상 누수를 점검해야 합니다. 누수발견 시는 121번에 신고하면 해당 수도사업소에서 출동 처리해 줍니다. 그리고 일상생활 속에서 늘 물을 아껴야 합니다.

가정누수의 조기발견과 예방법

점검대상	누수발견방법	누수예방방법
수세식변기	• 사용하지 않는데 물이 흐름	• 사용전에 물이 흐르고 있는지 여부를 점검하는 습관을 가질 것
물탱크	• 사용하지 않는데 펌프의 모터가 자주 돌아감 • 탱크내 물이 넘쳐 흐름	• 탱크에 금이 가서 터짐, 균열이 없는지 수시 점검 • 월류 경보기를 설치
벽 (배관부분)	• 배관되어 있는 벽이 젖어 있음	• 건물벽의 내외를 때때로 살핌
지표 (배관부분)	• 배관되어 있는 부근의 지면이 젖어 있음	• 급수관(지하 30cm정도)을 매설한 곳에는 무거운 물건을 놓지 말 것
하수맨홀	• 항상 깨끗한 물이 흐르고 있음	• 맨홀뚜껑을 때때로 열어서 조사
수도꼭지	• 수도꼭지를 잠구어도 물이 떨어진다.	• 수도꼭지를 꼭 잠그기 어려울 때는 무리하지 말고 즉시 수리

주방에서의 물아끼기

설거지할 때 물을 틀어놓고 하지 말고 설거지통에 받아 합시다. 1분에 수도꼭지를 60도 정도 돌리면 6리터, 90도 이상 최대로 돌리면 20리터 이상의 수돗물이 낭비됩니다. 손이 닿으면 정지하는 센서가 달린 수도꼭지로 교체합시다.

목욕탕에서의 물아끼기

① 세수할 때나 발을 씻을 때 물을 틀어놓고 하지 맙시다.

대야나 세수통에 물을 받아 우선 깨끗이 씻습니다. 세수한 물 양의 반정도를 다시 받아 헹군 후 남은 물은 발을 씻거나 걸레를 빱시다.

② 목욕할 때 목욕조 안에 들어가 샤워를 하지 맙시다.

샤워를 크게 틀어놓고 때를 닦거나 비누칠을 할 경우 보통 샤워기를 잠그지 않게 되어 많은 물이 버려지게 됩니다. 그러므로 되도록 욕조에 물을 받아 바가지로 떠서 씁시다.

뜨거운 물을 받아 몸을 담그는 목욕을 할 경우는 몸을 불린 후 욕조 밖에 나와 몸을 씻은 후 욕조에 담긴 뜨거운 물로 헹굽시다. 마지막으로 샤워기를 틀어 헹구어 냅니다. 남은 뜨거운 물은 버리지 말고 그 물에 애벌빨래를 하던지, 세제를 풀어 빨래를 담구어 놓는데 사용합시다. 세탁기가 목욕탕 안에 있는 경우는 세제풀어 담군 빨래를 그 물과 함께 세탁기에 넣고 세탁코스를 돌리면 더욱 좋습니다.

가족이 목욕을 같이 합시다. 특히 아빠와 남자아이, 엄마와 여자 아이 등 가족이 같이 목욕할 경우 물도 절약되지만 물을 아끼면서 목욕하는 시범을 보여줌으로써 아이들에게 물의 중요성과 물아끼기를 가르쳐 줄 수 있어 매우 좋습니다.

③ 빨래할 때 빨래는 모았다가 한꺼번에 합시다.

세탁기는 특히 물이 많이 드는 대표적인 기계입니다. 그러므로 간단한 빨래는 손세탁을 하도록 합시다. 세탁기 사용시 물의 수위는 '최소량'이나 '저'에서 사용토록 합시다. 전문가들에 의하면 가정용으로는 3.5kg이나 4kg 정도의 용량이면 충분하다고 합니다. 현재 전자동세탁기 중에는 이런 용량이 나오지 않고 있으나 환경을 생각한다면 이같은 용량을 만들도록 요구할 수도 있을 것입니다.

④ 중수통을 이용합시다.

화장실에 큰 통을 놓아 둔 다음 세수하거나 손씻은 물, 그리고 세탁기의 마지막 헹굼코스의 물을 이곳 중수통에 모았다가 화장실청소, 걸레빨기, 애벌빨래용, 화초물주기 등에 이용합시다.

⑤ 양변기는 대·소변용 손잡이가 따로 되어 있는 것을 선택하여 불필요한 물의 낭비를 막읍시다.

손잡이가 하나인 양변기는 물받이에 병 등을 넣어 물소비량을 줄입시다.

2) 물의 오염을 줄입시다

① 합성세제를 쓰지 맙시다.

빨래할 때 세제 속에 있는 각종 성분(예:계면활성제 등)이 몸에 남으면 우리 몸에 손상을 일으키게 됩니다. 예를 들면 합성세제 속의 '인'과 몸 속의 칼슘이 합하여 인산칼슘이 됨으로써 우리 몸 속의 칼슘을 밖으로 배출시킵니다(라면을 쫄깃쫄깃하게 해주는 면질개량제나 강력세탁세제 속에 '인'이 들어 있다). 또한 혈액 속의 칼슘을 빼앗아 체질을 산성화시키고 우리 몸에 치명적인 중금속 벤조

필렌과 카드뮴의 흡수를 촉진시킵니다. 간장활동을 저하시키고 습진, 손갈라짐 등 피부병을 일으킵니다. 합성세제로 생쥐실험을 한 결과 정자의 머리, 꼬리부분이 파괴되었다는 보고도 있습니다. 아울러 이런 세제 잔류물이 우리 몸 안에 들어가면 평소에 인스턴트 식품섭취를 통해 체내에 있던 식품첨가물(예:라면, 조미료 등에 들어 있는 발색제, 인공감미료, 색소 등)이나 농약성분 등과 화학반응을 일으켜 독성이 상승됩니다.

그러므로 가능한 한 합성세제를 쓰지 말고, 쓰더라도 천연세제를 씁시다. 주방에서는 빨래비누를 잘게 갈아 통에 넣고 물을 부어 흔들어 주방세제를 만들어 사용합시다. 기름기 있는 것은 휴지로 닦은 후 씻으며 비린내나는 그릇은 쌀뜨물을 받아 씻으면 좋습니다.

목욕탕에서는 샴푸와 린스 대신 빨래비누와 식초를 씁시다. 치약에도 계면활성제가 들어 있어 인체에 유해하므로 소금이나 죽염을 대신 사용합니다. 변기세척제 대신 비누를 솔에 묻혀 닦거나 가성소다를 씁시다. 변기세척제는 정화조에 사는 분해균을 죽이기 때문입니다.

천연세제

● 천연샘

순식물성 주방용세제로서 쌀겨기름을 주원료로 해서 잘 닦이고 거품이 거의 없다. 200ppm 이상의 농도에서도 물고기가 죽지 않고 녹색식물의 생장에 장해를 주지않는다(값은 500ml 1,800원).

● 맑은샘

세탁용. 표백제 안넣음. 아기기저귀, 속옷 등의 빨래에 좋음(1,000ml 3,300원).

● 샘이랑

샴푸겸 목욕용 세제인데 쌀겨기름과 식물성 유지성분을 주원료로 살구씨기름, 토코페롤, 단백질 등이 첨가된 약산성세제(값은 500ml 4,800원). 아기용 물비누도 있음(값은 3,500원).

● '천연세제 선물세트'

집들이용으로 좋음.

값은 샘이랑, 천연샘 각 2개들이 한 상자에 12,600원.

*이상은 한국소유지의 제품.

한국소유지의 연락처는 534-8317~8, 725-1562

● 물사랑

협성생산공동체에서 생산한 가루비누. 폐식용유와 탄산소다, 가성소다를 원료로 해서 계면활성제, 형광증백제 등을 넣지 않고 만든 약알칼리성 비누(값은 1,800원). 일반비누도 있음(값은 4장에 1,000원).

협성생산공동체의 연락처는

주소 : 경기도 고양시 오금동 321-17 전화번호 : 02)381-3213

세탁할 때는 합성세제 대신 천연가루비누를 쓰거나 빨래에 비누를 칠해 세탁기에 넣으면 때가 잘 빠집니다. 특히 합성세제와 표백제를 같이 넣고 세탁하면 수질오염이 가중되므로 사용하지 맙시다.

요즈음은 수질오염을 획기적으로 개선한 천연세제가 나오고 있으므로 사용하면 환경보호에 도움이 될 것입니다.

② 음식찌꺼기를 하수구에 함부로 버리지 맙시다.

먹다 남은 음식을 하수구에 버리지 맙시다. 케이크 찌꺼기 등은 휴지로 깨끗이 닦아 없애고 물로 씻어내야 합니다. 특히 음식물찌꺼기 분쇄기(일명 디스포저)는 물을 많이 오염시키므로 절대 사용하지 말아야 합니다. 그리고 음식물은 물기를 걸러 하수구가 아닌 쓰레기통에 버립시다.

제일 좋은 것은 음식물을 남기지 말도록 하는 것입니다. 꼭 먹을 만큼만 만들고 우유, 맥주, 국, 찌개, 커피 등 국물류는 되도록 남기지 말아야 합니다. 이런 국물류는 쓰레기통에 버리기가 힘들어 보통 하수구에 버리는데 물을 탁하게 하고 오염시킵니다.

간혹 고구마나 감자 등 흙이 묻어 있는 야채를 그냥 싱크대에 놓고 닦아 흙이 하수구로 버려지는 수가 있는데 반드시 쓰레기통에 흙을 털어버리고 씻읍시다. 쓰고 남은 식용유를 하수구에 버리지 말고 폐식용유를 모아서 비누 만드는 곳에 보내거나 가정에서 이웃과 함께 비누를 만들어 씁시다.

쓰고 난 식용유를 그냥 하수구에 흘려보낼 경우 버려진 기름이 막을 형성하여 산소공급을 차단하므로 수질정화를 어렵게 만듭니다. 또한 하수종말처리장까지 흘러들어간 폐식용유는 '활성오니(분해미생물이 포함된 진흙)'의 정화능력을 떨어뜨려 수질을 오염시키고 어업에 피해를 주며 정수처리비용을 가중시키게 됩니다.

폐식용유로 비누만들기

① 가성소다(양잿물) 160그램을 물 0.7리터에 충분히 녹인다.

② 가성소다가 녹으면 여기에 폐식용유 0.9리터를 천천히 부으면서 나무주걱으로 같은 방향으로 젓는다.

③ 30분정도 저으면 차츰 빡빡해지는데 이것을 빈 우유팩 등에 부어 15~30일 정도 굳힌다.

비누 만들 때 주의할 점

①의 과정을 하는 동안 플라스틱 통 두꺼운 것으로 해야 한다. 통이 얇을 경우 양잿물을 견디지 못하고 뚫어지는 수가 있기 때문.

마지막에 굳힐 때 큰 덩어리로 굳으면 적게 떼어내기가 어려우므로 처음부터 작은 크기로 떼어서 굳히는 것이 좋다. 가끔 색깔 있는 휴지통에 만들 경우 색이 우러나오는 수도 있다고 하니 조심할 것.

계량저울을 사용하여 위에 적은 비율로 식용유량을 조절하여 만든다.

가성소다는 극약이므로 꼭 면장갑이나 고무장갑을 끼고 피부나 옷에 튀지 않도록 주의하며 가성소다와 물의 넣는 순서가 바뀌면 순간적으로 반응, 고열을 내고 용액이 밖으로 튀는 수가 있으므로 주의할 것.

5

쓰|레|기|를|버|리|면|서

주부들의 실천

1. 바른 쓰레기 정책이 만들어지도록 합시다.
1. 쓰레기를 많이 배출하는 제품은
   생산하지 못하도록 해야 합니다.
1. 재활용률을 높일 수 있는 제도를 요구합시다.
1. 음식물 쓰레기의 재활용을 위해 노력합시다.
1. 아껴쓰고 바꾸어쓰고 나누어쓰는 것을
   생활화합시다.

쓰레기를 버리면서 주부는 답답합니다

1. 쓰레기 왜 문제일까요?

쓰레기문제 역시 주부들이 심각하게 느끼는 문제입니다.

1992년에 우리나라에서 1년 동안 발생하는 생활쓰레기는 매일 75,000톤에 이르며 국민 1인당 평균으로 산정하면 매일 1.8Kg에 이른다고 합니다. 1년동안 버리는 쓰레기의 양은 약657kg으로 자기 몸무게의 10배나 되는 쓰레기를 어딘가에 버리고 있다는 의미가 되는 것입니다. 특히 주부들은 생활 속에서 쓰레기를 많이 접하고 있으며 실제 쓰레기를 집밖으로 내놓는 사람입니다. 그만큼 답답함도 많습니다. 저렇게 많은 쓰레기가 다 어디로 갈까?

한편 정부나 언론에선 쓰레기를 버리는 것이 주부들의 탓이라고 하며 너무 많이 버리지 말 것을 이야기하므로 내탓인가 싶어 집안

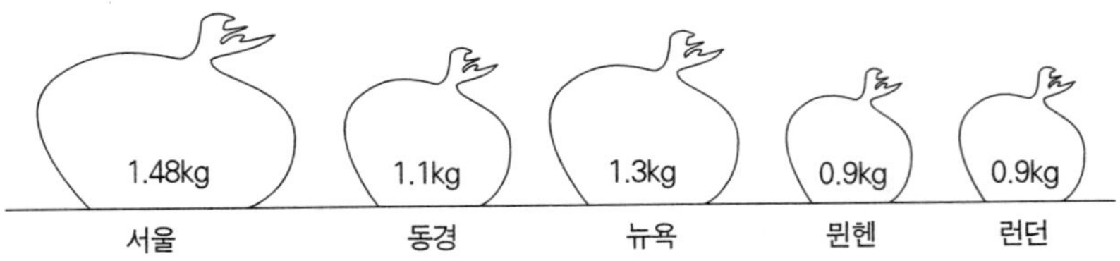

주요국의 도시별 일인당 하루쓰레기 배출량

을 온통 어질러가면서 분류해 놓습니다. 그러나 '정성들여 분리해서 내다 버려도 치워가는 청소차는 한꺼번에 쓸어가니 내 정성이 아무 소용이 없구나' 하고 허탈감을 느끼게 되지요.

내가 버리는 플라스틱이 과연 재활용되는 것인지 아닌지, 쓰레기를 잘 처리하기 힘든 이유는 무엇인지, 어떻게 하면 쓰레기 양을 줄일 수 있을지, 내가 버리는 쓰레기, 정말 나만의 책임일까 등등 혼란스럽습니다.

이제 우리나라도 어느샌가 쓰레기전쟁을 벌여야 할 정도가 되어버렸습니다. 그만큼 쓰레기가 많아진 것입니다. 그러나 넘치는 쓰레기에 비해 그 쓰레기를 버릴 수 있는 땅은 한정되어 있고 태워버리는 것도 생각만큼 만만한 일이 아닙니다. 그러므로 이제 우리 주부들도 내눈앞에서 쓰레기가 없어져버리면 그만이라는 자세보다 쓰레기문제를 어떻게 보아야하는지에 대한 관점을 제대로 가질 필요가 있겠습니다.

과연 쓰레기문제에 대해 가져야 할 관점이라는 것은 무엇일까요? 바로 버리는 것보다 생기지 않게 하는 것이 중요하다는 점, 그리고

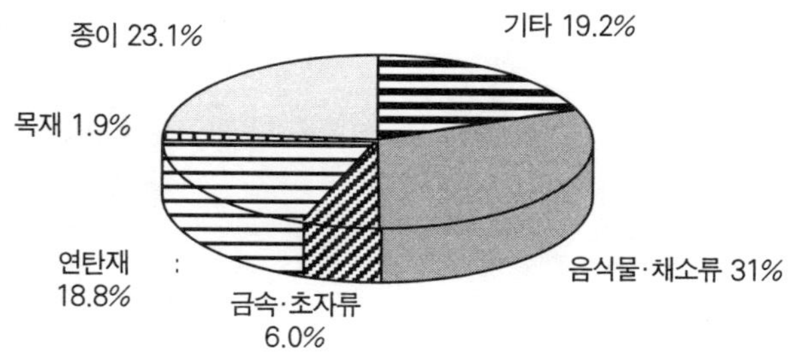

91년도 쓰레기의 성상별 구성비

쓰레기를 처리하는 데도 환경문제를 생각해야 한다는 점입니다. 왜냐하면 모든 것이 쓰레기이기 때문입니다. 우리는 흔히 집에서 버리는 것만 쓰레기로 알고 있는데 일단 만들어진 물건은 모두 쓰레기입니다. 공장에서 한 개의 물건이 만들어질 경우, 그 만드는 과정에서 남은 원재료, 부속찌꺼기, 제작과정에서 생기는 산업쓰레기, 마지막으로 만들어진 물건 자체가 모두 쓰레기입니다.

그러므로 쓰레기문제는 이미 생긴 쓰레기를 어떻게 처리할 것인가가 아니라 아예 쓰레기를 안만들 수는 없는지, 다시 말해 발생의 억제가 가장 중요합니다. 그러나 그동안의 쓰레기정책이나 쓰레기문제를 보는 입장은 쓰레기를 어떻게 우리 눈앞에서 없애 버리는가에만 모아져 있었습니다. 그러므로 이제부터라도 올바로 쓰레기문제를 보는 눈을 가져야 하겠습니다.

2. 쓰레기는 어떻게 해서 생길까요?

옛날에는 자연에서 생산되는 것만으로 의·식·주를 충당할 수 있었고 인구가 많지 않았기 때문에 '쓰레기'라는 것이 없었습니다. 아울러 실제 버리는 것이 적기도 했지만 버리는 것들도 대부분 자연의 정화능력에 따라 분쇄되어 다시 생태계로 환원될 수 있는 자연적인 것들이기 때문에 인간이 인공적으로 '처리'해야 하는 것이 아니라 자연의 분해과정에 맡겨놓으면 되는 것이었습니다. 따라서 쓰레기가 쌓이거나 하는 일도 없었던 것이지요.

보통 자연 생태계는 그 나름의 법칙을 가지고 순환합니다. 녹색식물인 1차 생산자, 그 녹색식물(풀)을 먹고 사는 2차 소비자인 초식동물, 그 초식동물을 먹고 사는 3차 소비자인 육식동물 그리고 이런 소비자들이 죽으면 썩어 다시 자연으로 돌아가는 식으로 서로간에 수와 분포에 균형을 유지하며 생태계가 안정되어 온 것입니다. 즉 생산 – 소비 – 분해의 세단계를 순환하는 것입니다.

그런데 쓰레기가 문제가 되기 시작한 것은 사람들이 도시에 모여 살면서 부터입니다. 도시화라는 이름 아래 이같은 자연의 생태계가 파괴된 것입니다. 인간이 만든 썩지 않는 가공품들이 분해되지 않고 남음으로써, 자연이 소화하여 분해할 수 없는 것들이 쌓이기 시작한 것이지요. 때문에 이처럼 쌓이기 시작한 쓰레기가 인간의 생활에 불편을 주기 시작했고 이를 처리할 필요가 생기게 되자 이윽고 국가행정이 관여하게 된 것입니다.

세계 각국이 특히 쓰레기 문제로 골치를 썩히게 된 것은 대량생산에 의해 대량소비가 행해지게 된 60~70년대 이후입니다. 대량생산은 '편리하다'는 이유만으로 자원으로의 가치가 있는지 없는지, 생태계내에서 받아들여 분해되고 순환될 수 있는지 없는지를 따지지 않고 기업의 이해관계에 따라 마구 만들어내는 것입니다. 심지어 한번 쓰고 버리는 일회용품이 편리함만 추구하는 소비자들의 욕구에 편승해 마구 만들어지고 있습니다.

이렇듯 대량생산이 계속되면서 쌓인 쓰레기들이 산(山)을 이루고 각국은 급기야 '쓰레기와의 전쟁'을 벌이는 상황에 이르게 된 것입니다.

이제 쓰레기 '문제'는 문명화된 사회의 큰 부작용으로 인정되어 점점 우리에게 소비중심의 문화에 대한 각성과 개선을 요구하게끔 되었습니다.

그러나 아직도 우리나라에서는 소비지향적 생활방식을 변화시키려는 움직임은 생겨나지 않고 있습니다. 오히려 선진국의 과대소비가 목표로 추구되고 있는 실정입니다.

3. 쓰레기의 처리는 어떻게 되고 있을까요?

쓰레기를 처리하는 데는 재사용(형태를 변화시키지 않고 반복해서 사용하는 방법으로 예를 들어 병을 씻어서 다시 쓰는 경우), 재활용(사용한 제품을 다시 제조과정의 원료로 해서 다른 제품을 만들어 쓰는 방법, 우유팩 등 한번 쓰고 난 것을 재생업체가 수거하여 다시화장지 등 새로운 물질로 만들어 사용하는 것), 소각(태우는 것), 매립(땅에 갖다 묻는 것) 등의 방법이 있습니다.

쓰레기를 줄이려면 우선 재사용과 재활용을 적극적으로 해야 합니다. 재사용과 재활용한 후에도 남는 쓰레기는 이제 처리대상이 되는데 여태까지 우리나라는 쓰레기를 땅에다 묻는 매립의 방식을

생활쓰레기 처리 목표

년도	소각	재활용	매립
92년	1.5%	7.9%	89.2%
97년	14.2%	20.0%	65.8%
2001년	25.0%	30.0%	45.0%

취해 왔었습니다.

그러나 환경부가 1993년 11월에 발표한 1993-2001년 국가폐기물(쓰레기) 처리 종합대책을 보면 현재까지 1.5%였던 쓰레기 소각률을 2001년 27%까지 끌어올리겠다고 발표하였습니다. 즉 기존에 묻었던 방식을 떠나 전국에 소각로를 짓고 이제 태우는 방식을 적극 도입하겠다는 것입니다. 그러나 이 소각 위주의 정책이 절름발이 정책이라 하여 문제점을 지적하는 사람들이 많습니다. 단순히 태우면 된다는 발상이 문제라는 것이지요.

그러면 현재 우리나라에서 주로 사용하고 있는 매립과 소각에 대해 알아봅시다.

4. 매립과 소각의 문제점

1) 매립의 문제점

현재 가장 많은 양의 쓰레기 처리 방법인 매립은 땅에 묻는 것입니다. 난지도에 묻었다가 지금은 김포매립지를 사용하고 있습니다.

매립의 문제점은

첫째, 국토를 이용하는 방법이 제한된다는 점입니다.

우리나라처럼 국토가 좁은 나라에서는 특히 매립을 위한 빈땅을 찾는 것이 문제입니다. 근래 국민들의 환경에 대한 인식이 높아지면서 자기 지역에 매립지를 받아들이지 않으려는 경향이 커지면서 점점 더 매립지를 확보하기 어려워지고 있는 것입니다.

둘째, 매립으로 인한 환경오염이 문제입니다.

눈에 보이는 것으로 악취, 먼지, 냄새, 해충 등의 피해가 매립지 주변에 사는 주민들에게 직접 간다는 것이며 이 때문에 주민들의 반대가 더욱 심해지는 것이지요.

그러나 더욱 심각한 것은 아무런 처리도 되지 않은 땅에 가져다 묻는 식의 단순매립은 쓰레기 속에 각종 오염물질들이 토양과 지하수를 오염시킨다는 것입니다.

매립으로 인한 이같은 오염을 방지하기 위해선 매립지로 가기 전에 맹독성 오염물질은 따로 분리해서 처리해야 하며, 매립지에 침출수가 땅속에 스며들지 않도록 바닥을 깔고 침출수를 모아 처리하는 시설을 해야 합니다. 그리고 쓰레기 위에 일정한 두께의 흙을 덮는 방식 등 위생매립의 방법이 제대로 지켜져야 합니다.

그러나 현재 전국의 매립지 중 위생매립이 제대로 되어 있는 곳은 거의 없는 실정입니다.

2) 소각의 문제점

소각은 쓰레기를 태우는 것으로 보통 소각장을 지어 그곳에서 태웁니다.

우리나라의 경우 2001년까지 2조원의 예산을 들여 전국에 145개의 소각로를 건설할 계획을 세우고 있습니다. 2001년까지 전체 쓰레기의 27.8%를 '소각'으로 처리할 정부의 계획 때문입니다(환경부에선 14.5%로 하향조정하려 하고 있습니다).

한편 서울시에서는 2005년까지 쓰레기 처리를 재활용 40%, 소각 60%로 하려 계획하고 있습니다. 그런데 이와같은 소각장의 건설을 둘러싸고 많은 문제점들이 제기되고 있습니다.

얼핏보면 계속 늘어나는 쓰레기를 좁은 국토에서 처리하기에는 소각이 가장 효율적인 방법인 것처럼 보이기도 합니다. 그러나 사정은 그렇게 간단치가 않습니다. 소각했을 때의 문제점이 매우 많기 때문입니다.

소각장이 건설됐을 때의 문제점은

첫째, 자원재활용을 저해합니다.

소각장이 가동되려면 종이나 플라스틱 등 가연성 쓰레기가 필요합니다. 그런데 이들 품목은 모두 재활용이 가능한 것들인데 소각장의 가동을 위해 태워지는 꼴이 되는 것이지요. 이런 가연성 쓰레기가 모자랄 경우(우리나라의 경우는 특히 젖은 음식물 쓰레기가 많아 문제가 더 큽니다) 보조 연료를 사용해 태워야 합니다.

또한 일단 소각장이 건설되면 쓰레기는 태우면 그만이라는 안이한 생각이 국민들 사이에 퍼져서 재활용을 위한 노력이나 정부의 추가예산이 지출되기 어렵게 됩니다. 그러면 당연히 자원이 낭비되며 예상되는 국내, 그리고 전세계적인 자원부족에 대처할 수 없게 됩니다.

둘째, 안전성에 문제가 있습니다.

소각을 했을 경우 대기오염, 지하수오염, 토양오염이 일어납니다. 소각하는 과정에서 일반 대기오염 물질, 중금속, 맹독성 오염물질이 배출되는 것입니다. 특히 플라스틱을 태우는 과정 중에 '다이옥신'이나 '퓨란' 같은 맹독성 유기화합물질이 발생한다는 것입니다.

다이옥신이나 퓨란의 맹독성은 "인류가 제조한 혹은 인류에게 알려진 가장 유독한 물질"이라는 표현에서 잘 나타나 있습니다. 실제로 동물을 대상으로 한 그간의 여러 실험결과에 따르면 동물의 종류에 따라 크게 다르게 나타나긴 하지만, 아주 미량으로도 동물들에게 피부질환, 면역체계 및 간에 대한 독성, 발암성, 기형 등을 일으키기도 하는 것으로 보고되고 있습니다. (더 자세한 것은 〈서울시 쓰레기 소각정책의 문제점—목동 쓰레기 소각장을 중심으로〉, 환경과공해연구회, 1993.9을 참고할 것)

때문에 쓰레기를 태워 그 부피를 줄일 수는 있지만 그에 못지 않은 환경파괴를 감수해야 하는 것입니다.

다음으로 소각재의 처리문제입니다. 소각한다 해도 그 남은

'재'가 있을 것입니다. 이 재는 그 자체로 중금속, 유독성화합합성물 등이 모두 포함되어 있는 '특정폐기물'입니다. 미국 등지에선 이 소각재의 맹독성 때문에 특별 매립지에 묻도록 되어 있는데 이 소각재를 묻을 매립지를 구하기가 어렵고 막대한 비용이 들므로 소각을 포기하는 경향이 있을 정도로 독성이 크다고 합니다.

셋째, 매립지의 부족문제를 해결해주지 못한다는 점입니다.

쓰레기 처리에 있어 '소각'하는 방식을 많이 고려하게 되는 것은 매립지의 부족이 큰 원인입니다. 그러나 전체 쓰레기의 27%를 소각한다 해도(우리나라의 2001년까지의 계획) 나머지 80%는 여전히 매립을 해야 합니다. 뿐만 아니라 앞에서도 보았듯이 소각재를 묻을 매립지를 구하기가 일반매립지보다 더 어렵다는 것입니다. 소각을 해도 그 재는 묻어야 하기 때문이지요. 그러므로 태운다고 해서 매립지가 전혀 필요 없는 것이 아닙니다.

넷째, 쓰레기 문제의 근본적인 해결을 어렵게 합니다.

쓰레기는 쓰레기의 발생억제→재사용→재활용→소각→매립의 단계적 실천이 필요합니다.

발생억제, 재사용, 재활용 등 전단계에 대한 충분한 대책이 없이 지어진 대용량의 소각장은 쓰레기의 발생량을 증가시킵니다. 태우면 된다는 생각에서 쓰레기를 마구버리기 때문이지요. 그 예로 일본의 경우 1988년 현재 전국에 1899개의 소각장에서 전체 쓰레기 발생량의 78.4%를 소각하고 있습니다. 일본은 국토가 작다는 것을 이유로 쓰레기 소각정책을 적극적으로 택한 나라로 매립률은 17.1%, 재활용은 4.5% 상태입니다. 그러나 이렇게 많은 소각로에서 쓰레기를 태우는 데도 쓰레기 발생량은 줄지 않고 있으며 상대적으로 재활용률이 매우 낮아 쓰레기 분리 해결을 어렵게 하고 있는 형편이었습니다.

일본은 이같은 상태가 발생한 이유를 소각 위주의 쓰레기정책 때문이라고 보고 새로이 '쓰레기 발생량 억제'와 '재활용' 쪽으로 정책방향을 변경하고 있습니다. 그들은 우리나라에서 일고 있는 재활용 운동을 부러워하고 있는 것입니다.

다섯째, 건설, 운영비가 비싸서 예산의 낭비가 많으며 비효율적입니다. 쓰레기 1톤을 태울 수 있는 소각시설의 건설비용이 약 1억원, 반면 쓰레기 1톤을 퇴비로 만들 수 있는 시설의 설치비용은 천만원입니다. 단순히 태워버리는 데 1억원이 드는 반면 태워서 퇴비로 재활용할 수 있는 시설의 설치비용이 그 1/10에 불과한 것 입니다.

특히 우리나라 쓰레기의 구성과 발생량 등을 세밀하게 측정 분석하여 우리 실정에 맞는 처리방법을 찾지 않으면 소각장을 효과적으로 활용할 수 없을 것입니다. 예를 들어 음식쓰레기와 종이류, 연탄재류가 많은 우리나라 쓰레기의 특성상 실제 태울 수 있는 쓰레기는 소각장을 원활히 돌리기에 부족하다는 지적도 많습니다.(종이의 경우는 재활용이 가능하므로 소각장으로 보내서는 안될 것 입니다).

여섯째, 쓰레기 정책의 입안단계에서부터 쓰레기 발생량 억제나 재활용에 대한 연구, 개발이 없는 가운데 소각에 편중된 연구, 투자가 이루어졌다는 지적입니다.

예를 들어 지난 1983년부터 1985년까지 3년동안 서울시와 정부 관계기관은 일본으로부터 쓰레기처리 정책을 소각처리 위주로 하도록 권유받는 것이 아닌가 생각되고 있습니다. 즉 당시 일본은 외무성을 통해 원조기금을 한국정부에 공여하고 이 자금으로 서울시가 다시 일본 외무성 산하기관인 일본국제협력기구(Japan International Cooperation Agency, JICA)에 자문을 의뢰하는 형식을 빌어 서울시 쓰레기처리에 관한 자문을 수행했습니다.

이에 JICA는 총 600쪽에 이르는 보고서를 통해 서울시에 쓰레기 소각장을 건설할 것을 제안하는 쪽으로 최종결론을 내렸다는 것입니다. 이런 연구는 일본 정부가 일본의 소각플랜트 걸설업체의 이익을 대변하여 한국에 소각시설을 판매하기 위한 기반을 조성하려는 의도로 행해진 것이 아닌가 하는 의구심을 떨쳐버리기 어렵다는 것입니다.

이상 소각장의 문제점을 살펴보았습니다만 정부측에선 재활용에는 일정한 한계가 있으며 소각장 건설을 반대하는 것은 지역이기주의라고 하여 계속 건설을 강행하려 하고 있는 실정입니다.

그렇다면 소각장을 반대하는 이들의 대안은 무엇일까요?

충분한 재활용이 이루어지면 정작 태울 수 있는 쓰레기는 얼마되지 않습니다. 때문에 재활용을 감안하지 않고 쓰레기소각장을 짓는 것은 경제적으로나 쓰레기정책적으로나 문제가 많습니다. 그러므로 쓰레기의 발생억제를 위해 필요한 조치와 재활용체계가 완전히 정비되고 난 뒤에 소각장은 다시 검토해야 한다는 것입니다.

또한 쓰레기소각장에서 나오는 유독물질에 대한 연구와 공해방지기술이 제대로 갖추어져 있지 않은 상태에서 서둘러 지어야 할 이유가 없다는 것이 환경을 걱정하는 전문가들의 의견입니다. 실제 우리나라의 경우 소각할 때 배출되는 다이옥신을 검출하고 제거하는 기술이 미흡하다고 합니다.

또한 성급히 지어진 소각장은 재활용운동에 커다란 장애가 된다는 판단입니다. 소각장이 지어진 후에는 소각장 가동을 위해 가연성 쓰레기를 태울 필요가 생기게 되므로 적극적인 재활용을 추진하기 어렵고 막대한 소각장 건설비용에 추가해서 재활용을 위한 투자를 하는 것도 쉽지 않을 것입니다.

그러므로 지금 당장 소각장을 지어 쓰레기를 무조건 태워 없애겠다는 식이 아니라 2-3년간 재활용을 적극 추진하고 음식물쓰레기에 대한 퇴비화방법을 비롯한 재활용방안을 확립한 다음 쓰레기양을 정확히 측정하여 최소규모의 소각장을 건설해야 한다는 것이 그 대안입니다. 현재 상태에서의 소각장 건설은 재활용체계를 무너뜨린다는 것이지요.

5. 재활용이 필요합니다.

1) 재활용을 하면 얼마나 좋을까요?

종이를 예로 들어 살펴봅시다.

서울시의 하루 쓰레기 발생량을 1,600톤으로 보고 그 중 20%가 종이라고 했을 때의 비용절감과 자연보호 효과를 봅시다.

아래 수치는 미국의 EPA(미환경보호국, Environmental Protect Agency)가 미의회에 제출한 보고서에서 밝힌 종이 1톤을 재활용했을 경우의 이점을 서울시 청소사업본부의 자료(『쓰레기는 반으로, 재활용은 두배로』, 1993)에서 밝힌 처리비용을 기준으로 환산한 것입니다.

① 하루 약 1억 5,491만 2,000원의 처리비용이 절감됩니다.

하루 종이쓰레기 발생량 3,200톤 × 48,410원 = 154,912,000원

(서울시 하루쓰레기 발생량 (톤당 처리비용)
16,000톤 중 20%가 종이쓰레기)

② 뿐만 아니라 재활용품 매각대금이 12,800,000원 절약됩니다.

3,200톤 × 4,000원 = 12,800,000원

(재활용품 매각대금)

③ 종이 1톤을 재활용하면 17그루의 나무를 살릴 수 있습니다.

3,200톤 ×17 = 52,400

서울시에서만 하루 52,400그루의 나무를 살릴 수 있습니다.

④ 종이를 1톤 재활용하면 천연펄프로 종이를 만드는 것에 비해 전력이 4,100kwh 절약됩니다(일반가정의 6개월 사용 전력량).

⑤ 종이 1톤을 재활용하면 매립지를 $3m^3$ 절약할 수 있습니다.

서울시의 종이를 모두 재활용하면 1일 9,600m³의 매립지가 절약
됩니다(가로, 세로 높이가 약 22m 정도의 정사면체의 부피).

⑥ 대기오염 60파운드를 막을 수 있습니다.

⑦ 7,000 킬로리터의 물을 절약할 수 있습니다.

2) 재활용 어떻게 할까요

① 재활용 프로그램의 수립이 필요합니다.

재활용 프로그램은 쓰레기의 발생을 원천적으로 줄이는 방안으
로서 정부가 주도해야 합니다. 집중적 재활용 프로그램을 수립하기
위해서는 우선 세밀한 조사가 선행되어야 합니다. 인구, 쓰레기 발
생량, 쓰레기 성상, 수집품목, 수집방법, 쓰레기가 발생하는 주기
및 재활용품 시장 등에 관한 조사를 재활용을 전제로 해서 실시해
야 하는 것이지요. 조사 결과를 토대로 각 품목별 재활용 목표를 정
하고 목표를 달성하기 위해 감량, 재사용, 재활용 및 보조적인 제
도의 실시, 재활용에 대한 교육 홍보계획 등을 총괄적으로 세워야
합니다.

이러한 종합적인 기획이 되면 이를 관리 추진하기 위해서는 강력한 행정력이 꼭 필요한 것은 말할 필요도 없습니다.

②쓰레기 발생량을 줄이는 방안으로 계획이 수립되어야 합니다.

위의 재활용 프로그램의 수립에는 우선 쓰레기 발생량을 줄이는 방안이 들어가야 합니다.

제품의 생산단계에서부터 쓰고난 후 또는 사용과정에서 발생하는 쓰레기에 대한 검토를 거쳐서 쓰레기 발생을 억제하는 것이 필요합니다.

이런 계획을 위해 서구에선 '생애주기'란 개념을 쓰고 있습니다. 생애주기란 상품의 탄생부터 폐기까지의 부담을 따지는 것으로서 미국에서 개발돼 전세계적으로 보급된 환경영향평가를 원조로 한 새 개념입니다. 환경영향평가 개발사업을 대상으로 개발과정과 그 이후 환경에 끼칠 영향을 검토하는 데 반해 생애주기분석은 한 상품을 대상으로 원료 채취부터 생산, 유통, 소비 그리고 최종폐기물 처리에 이르기까지 모든 과정의 환경부담을 계산하게 되는 것입니다.

상품이 쓰레기화했을 때의 처리방식만을 문제삼던 데서 나아가 상품의 탄생에서 사멸에 이르기까지 전생애에 걸쳐 에너지 부담이나 자원훼손 정도 등을 모두 따지는 이 방식은 기존의 소비형태를 바꾸는 틀이 될 뿐만 아니라 환경파괴가 심한 상품은 아예 태어날 수 없도록 하는 획기적인 환경개념으로 평가됩니다.

다만 생애주기분석은 그 논리적 타당성에도 불구하고 상품이 환경에 끼치는 영향을 구체적으로 어떤 평가기준에 따라 수치화하는가 하는 기술적인 문제를 낳고 있습니다. 더욱이 이 개념이 생산하는 기업의 입장을 대변하게 되면 환경파괴의 면죄부를 주는 꼴이 될 수 도 있으므로 많은 검토가 따라야 할 것입니다.

다음으로 일회용품의 제조보다는 오래쓰는 제품을 생산하도록 하고 생산제품의 포장비율을 낮게 정해서 포장쓰레기 발생을 막는 정책, 재사용 가능한 용기로 생산하도록 장려하는 정책, 재활용을 어렵게 하는 복합제품(종이팩에 플라스틱 마개가 달린 음료용기 등)의 제조에 대한 규제 등 각각의 쓰레기 성상별로 쓰레기 발생을 부추기는 요인을 찾아내서 규제하고 쓰레기 발생을 줄이는 방안을 연구 지원하는 정책이 필요합니다. 시민들이 제품의 생산설계 과정에서 참여하는 것도 보다 획기적인 방법이 될 것입니다. 지역적인 실시보다 중앙에서, 전국적으로 실시하는 것이 효과적입니다.

③ 재사용·재순환 방안이 들어가야 합니다.

쓰레기 성상별로 재사용 가능한 품목의 유통과정과 수거과정을 정비하고 지원해야 합니다. 또한 재활용품의 분류·수집체계를 다양화해서 주민 참여를 높이는 방안을 강구하고, 민간쓰레기 수거업자에 대한 지원을 늘이며 재생용품을 생산하는 공장의 생산 시설투자를 지원해 수집된 재활용품의 수요를 늘이도록 해야 합니다. 특히 음식물 쓰레기가 많은 우리나라의 경우 퇴비화 내지 사료화는 쓰레기 처리양을 줄이고 전체 재활용 효과를 높이는 데 꼭 필요한 방법이므로 충분한 연구와 함께 방법이 제시되어야 하겠습니다.

④ 재생용품의 구매를 촉진하는 구매의무제도 및 재활용품을 일정한 비율로 꼭 사용토록 하는 '재활용품의 의무사용 비율' 등의 제도화가 필요합니다.

⑤ 전체 재활용 계획을 종합적으로 수립, 추진할 수 있는 충분한

재정을 확보하는 것도 중요합니다.

국민들의 적극적인 참여를 이끌어내기 위해 지속적이고 다양한 교육과 홍보도 필요하겠지요. 여기에는 재활용을 위한 분리배출과 재생품에 대한 구매 촉진의 내용이 포함되어야 하겠습니다.

3) 품목별 재활용 방향

① 음식물 쓰레기

우리나라의 쓰레기 발생양 중 가장 많은 양(31%. 조사에 따라 50%가 넘는다는 보고도 있음)을 차지하는 부분입니다. 음식물 쓰레기를 그냥 묻어버리는 경우 침출수 문제, 악취, 해충 등의 원인이 되고 있으며, 소각을 하는 경우 수분이 많고 발열량이 낮아 비효율적입니다. 뿐만 아니라 지구상의 생산력에 한계가 있는데 생산된 유기물을 비용을 들여서 처리해 버리는 일은 자원절약의 면에서도 바람직하지 않습니다.

그러므로 음식물 쓰레기를 따로 모아 퇴비나 사료로 만들어 쓰는 방법을 연구개발해야 합니다. 미국 씨애틀시의 경우 정원에서 나오는 쓰레기를 재활용하는 방법을 다양하게 개발해 놓고 있습니다. 즉 정원쓰레기를 분리배출해 놓으면 집앞 도로변에서 수거해서 중앙 퇴비화 시설에서 퇴비화 하는 방법, 직접 가정에서 적환장까지 가져다 버리면 다시 중앙 퇴비화 시설에서 퇴비화 하는 방법, 각 가정에 퇴비화 상자를 무료로 지급하고 상담·교육을 통해 가정 자체에서 퇴비화하는 방법 등을 함께 실시하고 있습니다.

일본의 센다이시 양돈업자조합은 음식물 쓰레기를 수거해 돼지를 키우고 시에서 수거비용을 지원하는 방법으로 음식물 쓰레기를 재활용하고 있는데 우리에게는 낯설지 않은 방법입니다. 나가노현 우스다읍을 비롯한 여러 곳에서는 음식물 쓰레기로 퇴비를 만들어 유기농업에 이용하는 사례를 볼 수 있습니다.

② 종이의 재활용

종이의 재활용을 높이기 위해서는 가정에서 모은 종이들의 분리배출이 쉽게 되는 방법을 찾는 것입니다. 신문지, 골판지, 광고종이 등 천차만별의 종이를 어떻게 분리하고 묶어서 제대로 재활용될 수 있는지에 대한 교육과 방법을 찾아야 하겠습니다.

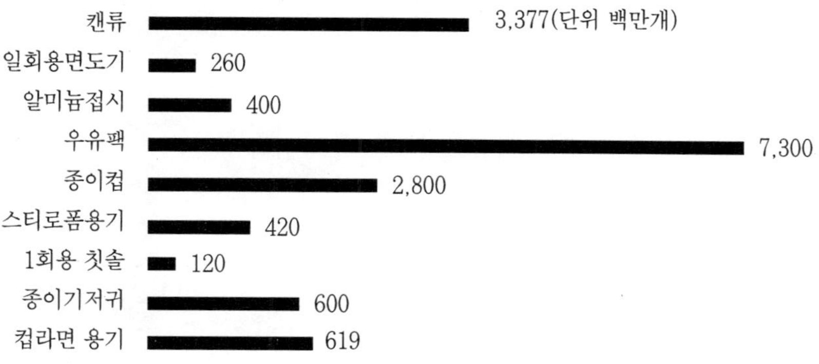

또한 종이의 절약을 위해 일회용품의 사용에 높은 세금을 물리는 등의 방법으로 일회용품의 사용을 억제시켜야 합니다.

재생종이를 만드는 제조시설에 대한 특정지원 및 세제혜택 등도 적극적으로 되어야 하겠습니다. 뿐만 아니라 정부기관과 기업체, 학교 등에서는 재생종이를 쓰는 것을 의무화하는 것도 좋은 종이 재활용방안이 될 것입니다.

③ 병의 재활용

병은 형태를 바꾸지 않고 다시 쓰는 대표적인 재사용 가능한 품목입니다. 현재 일회용 알루미늄, 종이팩, 플라스틱 등 여러 종류에 담아 팔리는 음료수의 용기를 모두 병으로 대체해서 재사용한다면 막대한 자원의 절약과 쓰레기 문제의 획기적인 도움이 될 것입니다. 덴마크의 경우는 음료를 병에 담지 않은 상태로는 판매할 수 없도록 하고 있습니다.

우리나라를 포함해서 대부분의 나라에서 병의 재사용을 촉진하기 위해 사용하는 방법으로 예치금 제도가 있습니다. 예를 들어 빈

병을 가져오면 맥주병은 30원, 소주병은 20원씩 돌려주는 것입니다. 그러나 이런 예치금이 판매가에 전가되어 물건값을 올리게 된다거나 예치금의 액수가 공병의 반환의 동기가 될만큼 충분하지 못한 점 등이 문제로 보입니다.

우리나라의 경우 산업체에서의 실업발생, 가격인상요인 등의 이유로 적극적인 실시를 하지 않고 있으나 실제 미국 오레곤 주와 버몬트 주의 사례를 분석한 EPA의 국회보고서에서는 5년 동안의 예치금법 실행 결과 길가에 버려진 음료 용기의 60~70%, 그리고 전체 버려진 용기의 20~40%가 감소해 자원 절약 효과가 커 120cc 음료 1개당 12센트의 비용 감소 효과가 있었다고 합니다. 병을 재사용함으로써 일회용 용기 제조회사의 고용감소가 80,000명 되었으나 음료회사의 고용인원이 165,000명 증가해 오히려 85,000의 일자리가 증가했다고 합니다.

그러므로 예치금을 회사에서 부담하게 하고 그 액수를 빈병 가져오기에 충분한 동기가 될만큼으로 정하며, 일정비율 이상의 재사용을 의무화하는 등의 조치가 따라야 병의 재사용이 될 것입니다.

또한 병의 재사용이 원활히 시행되기 위해서는 사용 후 수집된 병이 용도별로 최대한 세분류될 수 있는 방법을 찾아야 되고 용도별로 용기를 규격화하는 것도 바람직합니다.

④ 플라스틱의 재활용

전체 쓰레기 중 플라스틱이 차지하는 비율은 무게로 해서는 얼마 안되지만 부피로 치면 상당히 많으며 그 양이 급속히 늘고 있습니다. 플라스틱은 부피가 크고 썩지 않기 때문에 매립이 곤란하고, 소각할 경우 맹독성 화학 합성물(다이옥신, 퓨란 등)을 발생시키는 원인으로 지목되는 골치 아픈 쓰레기입니다.

플라스틱 재활용의 경우는 동일한 플라스틱 제품으로 재순환되지 못하고 낮은 수준(화분, 보도의 설치물)의 물질을 만들거나 그 자체가 다시 쓰레기로 되기 때문에 플라스틱 코드화 등의 재활용을 위한 활동이 오히려 더 많은 플라스틱 사용의 면죄부가 되지 않도록 주의해야 합니다.

가끔식 보도되는 썩는 비닐, 생분해성 비닐 등도 완전한 해결책이 될 수 없는 방법으로 플라스틱의 경우는 생산 자체가 줄어들도

쓰레기가 썩는 데 걸리는 기간			
품 목	썩는 기간	품 목	썩는 기간
종이	2 ~5개월	우유팩	200년 이상
종이컵	20년 이상	종이기저귀	500년 이상
플라스틱용기	50~80년	알루미늄접시	50년 이상
알루미늄 캔	80~100년	스티로폼용기	50년 이상
음료수병	100년 이상	나무젓가락	20년 이상
칫솔	100년 이상	담배필터	10~12개월

록 하는 것이 가장 바람직합니다.

플라스틱의 경우 그것의 용도가 제품 자체의 기능을 높여주는 것보다는 자본·노동· 유통의 편리함을 위한 경우가 많기 때문에 플라스틱의 생산을 제한해도 다른 것으로 대체할 수 있다는 점에서 희망적이라고 할 수 있습니다.

그러나 다른 한편으로 플라스틱은 생산단계의 제일 윗쪽에 국제적인 대기업이 도사리고 있어 생산을 제한하는 등의 이권의 제한에 대해 막강한 힘으로 대항할 것이기 때문에 쉽게 제한되지는 않을 것입니다.

이러한 면에서 미국의 시민환경단체에서 벌렸던 맥도날드 햄버거의 스티로폴 사용금지운동입니다. 코카콜라 회사의 플라스틱 캔 제품 생산반대 운동은 기업의 제품 생산을 위한 의사결정과정에 시민이 참여하는 것이 쓰레기 문제의 해결을 위한 중요한 열쇠임을 보여주는 사례로 꼽을 수 있겠습니다.

⑤ 포장폐기물

각국 쓰레기의 구성성분 중 포장폐기물이 차지하는 비율이 점차 높아져 포장폐기물의 발생 억제 및 재활용에 많은 관심이 모아지고 있습니다.

가장 강력한 규제를 하는 나라는 독일로서 제조·판매업자의 포장폐기물 회수 및 재활용 의무 비율을 점차 높여 95년 7월 1일 이후는 전품목에 걸쳐 80% 이상의 포장폐기물을 회수하고 재활용을 하도록 법으로 정하고 있습니다. 포장재의 회수·재활용 의무를 기업에게 부과하는 것은 포장이 물질의 본래 기능을 높이는 것이 아니라 운반·보관·광고 등 기업의 필요에 의한 것이라는 점에서 타당성을 갖습니다. 또한 그렇게 함으로써 기업이 포장재를 만들 때부터 재사용·재활용 방법을 고려해야 할 필요성을 부여해 재사용·재활용을 높이고 쓰레기 발생량은 줄일 수 있는 장점이 있습니다.

4) 재활용을 둘러싼 논쟁들

쓰레기 문제를 어떻게 해결해야 하는가에 대한 대답은 명확합니다. 집중적 재활용이 바로 그 해답인 것입니다.

1980년대 매립지의 환경오염 문제와 함께 80년대 중반 이후 많은 소각장 건설을 계획했던 미국도 재활용의 성과를 보고 많은 소각로의 건설계획을 취소하고 있으며 전국에 걸쳐 크고 작은 재활용 프로그램들이 실행되고 있습니다.

유럽의 경우 국민성·생활패턴이 원래 미국의 소비지상주의적 생활패턴과 차이를 보여 쓰레기 발생 정도가 낮은 면도 있지만 재활용을 뒷받침하는 제도들 역시 훨씬 앞선 느낌입니다.

이렇게 많은 나라들이 현재 실천을 제대로 하고 있던 못하고 있던간에 재활용을 그 답으로 삼고 있는 이유는 무엇보다도 재활용은 쓰레기를 자원의 관점에서 바라보기 때문에 장기적으로 지구의 생존을 위한 과제인 자원절약과 환경보호를 함께 이룰 수 있기 때문입니다.

그러나 재활용이라고 해서 아무 문제가 없는 것은 아닙니다.

이렇듯 명확한 해결책인 재활용이 왜 제대로 실행되지 못할까요? 우선 재활용의 한계가 있다는 주장입니다.

소각보다는 재활용률을 높이라는 사람들이 재활용 프로그램을 실시할 것을 요구할 경우, 보통 지적되는 문제가 바로 이것입니다.

즉, 초기에는 재활용률이 10% 정도밖에 안된다는 것입니다. 그러므로 이 정도의 재활용률이라면 소각장이 필요하다는 거지요.

재활용률이 10% 정도라는 것은 소극적 재활용의 경우입니다. 쓰레기 발생량을 줄이기 위한 법적, 제도적 규제 및 재활용을 촉진하기 위한 기술적·재정적 지원, 혜택 등이 없이 주부들의 자발적 참여만을 강조하는 재활용 프로그램는 그 성과가 10~15%를 넘기 어렵습니다.

그러나 제품의 생산단계에서부터 쓰레기 발생을 줄일 수 있는 제도적 보장을 포함해서 재활용품의 유통, 생산, 수집의 각 단계의 활성화를 위한 지원·규제 등의 뒷받침과 실질적인 투자 등을 포함하는 집중적인 재활용의 경우 그 효과가 85~90%에 이른다고 뉴욕의 퀸스대학 자연계 생물학센터의 연구자들은 밝히고 있습니다.

그러므로 재활용의 한계가 있기 때문에 실효성이 없다는 주장은 사회·경제·철학 등 전반적인 변화를 포함하는 집중적 재활용의 실천의지가 없음에 다름 아닌 것입니다.

또 다른 주장은 경제성이 없다는 것과 재활용품의 시장이 없다는 점입니다.

경제성이 없다는 것은 천연원료의 구입가격이 재생원료의 값보다 싸거나 재사용을 위해 병을 씻어서 쓰는 인건비가 일회용기를 만드는 비용보다 비싸다는 등의 주장입니다. 그러나 재활용품이 천연제품에 비해 경제성이 없다는 것은 얼른보아 납득하기 어려운 일입니다.

천연원료가 싼 것은 천연자원의 개발에 정부의 보조·지원이 있기 때문인데 이러한 정책이 환경파괴를 가속화시키고 원자재의 반복사용을 방해해 쓰레기를 양산시키는 원인임은 앞에서도 지적한 바 있습니다.

재활용 사업에 지원·혜택을 늘리고 천연자원의 개발에 환경파괴 비용을 부담시킨다면 경제성 문제는 해결될 것입니다.

비슷한 논리로 수요가 없다는 지적이 여러 곳에서 되풀이 되는데 신문·종이의 수집이 늘어나면서 종이값이 폭락한 상황(종이 재활용 공장에서 소화할 수 있는 재활용 종이의 양이 일정한데 종이 수집량이 너무 많아 가격이 폭락한 경우)을 그 예로 들고 있습니다.

일차적으로는 수집된 재활용 종이를 가공 처리하는 시설이 부족하다는 이야기인데 재생품의 제조·가공 시설에 대한 설비투자를 늘이면 이 문제는 해결됩니다.

이 시설에서 생산된 재생품의 수요 증가가 다음 단계로 연결되어야 하는 문제 역시 지금과 같은 소극적인 방법이 아니라 재생품의 과감한 함량기준 설정, 정부·공공기관의 재활용품 우선 구매의무 등과 일반인에 대한 재생품 구매의 홍보 등이 있어야 하겠습니다.

쓰레기를 '자원'의 눈으로 보고 활용하려는 적극적인 의지만 있다면 현재의 소각장 건설 예산으로 훨씬 큰 쓰레기 처리효과 및 자원과 환경보존효과를 얻을 수 있을 것입니다.

세번째, 재활용이 환경오염을 악화시킨다는 주장입니다.

재활용공정에서 일정한 오염을 일으킬 우려가 있는 것은 사실입니다. 그러나 그것이 "재활용을 하기 때문에 발생하고, 재활용을 하지 않으면 생기지 않는 오염인가?" 하면 그렇지 않다는 것이지요.

많이 거론되는 종이의 재활용 과정의 오염은 천연펄프의 제조과정에서 시작되는 것과 인쇄 잉크 및 염료에 포함된 오염물질이 배출되는 것으로 이는 소각을 하거나 매립을 하거나 마찬가지로 나옵니다. 오히려 종이 재생과정에서 나오는 이러한 오염물질들은 산업 폐기물의 처리기준에 따라 적절히 처리할 기회가 생겨 환경오염의 기회가 적다는 지적도 있습니다.

또 재생종이 제조과정에 오염이 있는 것만으로 문제를 삼을 것이 아니라 천연펄프로 종이를 만드는 경우의 오염과 비교해 보아야 합니다. 재생종이를 만들 때 20~30%의 찌꺼기가 발생한다는 것을 재활용의 장애로 들고 있으나 목재의 경우는 구성 성분의 50%가 셀룰로오즈이고 이 셀룰로오즈만 펄프로 가공되고 나머지 물질을 제거해야 합니다.

또 표백의 필요성도 재생용지에 비해 천연펄프의 경우가 더 큽니다.

문제는 재활용으로 인한 환경오염을 줄이기 위해서는 천연원료의 가공공정의 오염발생원을 없애도록 기술적인 연구투자가 필요하고, 오염물질의 규제 및 안전한 처리를 철저히 관리 감독해야한다는 점입니다.

미국의 EPA가 미의회에 제출한 보고서에서도 종이를 재생할 경우 오염이 줄어든다고 보고하고 있습니다.

재활용이 오염을 일으키기 때문에 재활용을 할 수 없다는 논리는 무책임한 주장일 수 있습니다. 환경오염을 줄이려면 천연원료를 가공할 때 재생공정에서 발생되는 오염을 줄일 수 있도록 청정기술을 연구·도입하고 발생되는 오염물질에 대한 철저한 규제관리가 필요한 것입니다.

앞에서 몇가지 재활용을 배척하는 주장의 허구를 살펴보았는데 무엇보다도 중요한 것은 행정당국의 재활용에 대한 인식이 부족하고 적극적인 해결의 노력보다는 행정편의 위주의 안일한 사고가 재활용의 추진을 방해하는 가장 큰 걸림돌이 아닌가 합니다. 쓰레기 문제의 근본적인 해결을 위해서는 보다 적극적인 재활용정책이 나와야 하겠습니다.

6. 쓰레기 종량제가 실시되었습니다

1) 쓰레기 종량제의 의의

쓰레기 처리를 위해 1995년 1월 1일부터 쓰레기 종량제가 실시되고 있습니다. 즉 쓰레기를 배출하는 원인자가 그 양에 따라 처리비용을 부담하게 되는 것입니다. 종래에는 쓰레기를 집앞에 내놓으면 청소차가 와서 치워가고 가정에선 월 70~5,000원 정도의 수수료만 내면 되는 방식이었습니다. 그러나 이같은 수거방법은 무엇보다도 쓰레기를 줄이도록 유도할 만한 장치가 전혀 없어 쓰레기문제 해결에 큰 도움이 되지 못했습니다. 과거엔 공공주택이나 사업장은 건물면적에 따라, 단독주택은 건물분 재산세의 크기에 따라 쓰레기 요금이 책정되어 있었습니다. 이런 방식하에서는 아무래도 쓰레기 발생량과 요금사이에 직접적인 상관관계가 없어 쓰레기를 많이 버리나 조금 버리나 요금에 큰 차이가 없었습니다.

때문에 결과적으로 쓰레기 수수료 자립도가 전국적으로 12%내외에 불과해 1992년의 경우 쓰레기 처리비용은 7,400억원이 든데

비해 수수료징수액은 871억원에 불과했고 나머지 금액은 조세에서 조달되는 실정이었습니다.

그러나 종량제는 원인자 부담원칙에 의해 가정에서 쓰레기를 버리는 만큼 돈을 내야 합니다. 일종의 환경부담금과 같은 것이지요. 현재 우리나라에서 실시되는 종량제의 방법은 재활용품을 뺀 나머지 일반 쓰레기를 시·군·구 지방자치단체가 지정한 판매업소에서 파는 규격 쓰레기봉투를 사서 그 곳에 버리는 것입니다. 이는 기존에 집앞 등지에 있는 쓰레기함에 쓰레기를 버리고 수거료를 내는 방법에서 한 발 나아가 쓰레기를 버린 만큼 돈을 내게 만드는 것입니다.

이 제도의 의의라면,

첫째, 기존에 쓰레기는 단순히 내다 버리면 된다고 생각하던 차원에서 국민 스스로를 쓰레기 감량과 재활용품 배출을 위해 노력해야 하는 하나의 주체로서 삼아 소비자들의 책임을 늘렸다는 데 있습니다. 그러므로 쓰레기 관리에 관련하여 높은 참여의식을 심어주는 계기가 되는 것입니다.

둘째, 종량제의 실시는 무엇보다도 쓰레기를 버리는 데 돈이 든다는 의식을 심어주어 상인이나 소비자 양자에게 소비단계에서부터 쓰레기를 줄여야 한다는 의식을 심어준 것입니다. 예를 들어 수박장수의 경우 소비자가 쓰레기를 다량으로 발생시킨다는 이유로 수박을 구입하기 꺼리자 그 낌새를 알아챈 상인이 관용 쓰레기봉투를 끼어 파는 아이디어로 판매 매상고를 높이고자 한 사례도 그 한 예가 될 것입니다.

셋째, 종량제 실시로 인해 관련 행정업무가 급격히 증가했음에도 불구하고, 과거 공무원의 근무기피분야였던 쓰레기 관리행정이 새로운 환경행정, 새로운 쓰레기 관리행정의 창조자라는 자부심을 주는 행정분야로 인식되게끔 공무원들의 의식변화를 일으켰다는 점입니다.

실제 종량제 시범실시지역에 대한 민간평가단의 보고를 보면 쓰레기 감량률이 매우 높아 이 제도의 긍정성을 말해준다고 하겠습니다. 33개 시범지역에서 시범사업을 실시한 후 1개월 반이 지난 시점에서 1,218지점의 쓰레기 배출형태를 관찰 조사한 자료에 의하

쓰레기감량에 따른 효과(년간 38% 수준 감량시)

	시범지역	전국확대시행시
쓰레기감량(천톤)	451	8,730
처리비용절감(억원)	200	4,000
매립지절감(천m^2)	40	777

* 전국 확대 시행시 서울, 부산시민이 1년간 버리는 쓰레기를 매립할 수 있
는 매립지를 절감할 수 있음

재활용품증가에 따른 효과(년간)

	종량제시행전	종량제시행후	증　가
시범지역(천톤)	67	127	60
전국확대시행시(천톤)	3,142	5,959	2,817
재활용품의 가치(억원)	1,571	2,980	1,409

면 규격봉투를 전혀 사용하고 있지 않은 단독주택지역은 전국 평균 13.2%에 불과한 것으로 조사되었습니다. 또한 부산 영도구의 경우 1일 쓰레기 배출량이 151톤에서 86톤으로 43% 감소했다고 합니다. 이런 효과라면 쓰레기 배출량은 연간 45만 톤이, 전국확대시행시에는 873만 톤이 감소할 것으로 추계되고 있습니다.

　이런 감량효과는 쓰레기를 줄이는 것 이외에 지방자치단체의 예산절감효과도 가져옵니다. 예를 들어 대전시 자료에 의하면 종량제를 시범실시한 지난 4개월 동안 감량과 재활용품 판매를 통한 쓰레기 처리비 절감액이 2억 5천 20만 원, 재활용품 판매수익이 4천 780만 원 등 모두 2억 9천 800만 원의 비용절감 효과를 본 것으로 분석되고 있습니다.

2) 실시방법

① 종량제 적용대상

가정 쓰레기 및 다량 배출자가 아닌 소규모 사업장의 일반 쓰레기가 해당됩니다. 연탄재나 대형폐기물, 재활용품, 일반 쓰레기 다량 배출자의 폐기물은 적용되지 않고 별도의 방법으로 처리합니다.

② 종량제 대상 쓰레기의 배출방법

종량제 적용 대상 쓰레기는 시장·군수·구청장이 제작, 판매하는 쓰레기봉투(관급규격봉투)에 담아 내놓아야 합니다.

종량제 대상 쓰레기지만 쓰레기봉투에 담기 어려운 경우, 예를 들어 깨진 유리, 스치로풀 등 봉투에 담기 어려운 쓰레기라든가 이사, 집수리, 정원손질 등으로 일시에 다량으로 배출되는 쓰레기의 처리방법은 쌀마대, 시멘트 봉투에 담거나 묶어서 내놓도록 하고 쓰레기봉투 용량으로 환산하여 수수료를 적용합니다(예, 60kg 쌀마대 1개의 용량 환산시 수수료는 2,000원 수준).

③ 종량제 대상이 아닌 쓰레기의 배출방법

 - 연탄재는 정기 수거일을 지정하여 별도로 수거해가며 쓰레기

대형 폐기물의 품목 및 수수료 기준

품목	규격	수수료(원)
냉장고	500 *l* 이상	8,000
	300 *l* 이상	6,000
	300 *l* 미만	4,000
텔레비전	4인치 이상	5,000
	12인치 이상	3,000
세탁기	모든 규격	4,000
에어콘	264m²형 이상	8,000
	66m²형 이상	5,000
	66m²형 미만	3,000
가스 오븐렌지	높이 1m 이상	4,000
	높이 1m 미만	2,000
탈수기	모든 규격	2,000
공기청정기	높이 1m 이상	2,000
장농	120cm장 1쪽	15,000
	90cm장 1쪽	10,000
소파	대형 6인용	8,000
	소형 4인용	5,000
책상	양수, 대형	5,000
	편수, 대형	4,000
식탁	6인용 이상	5,000
	6인용 미만	4,000
피아노	어프라이트	10,000
	그랜드	15,000

* 상기의 대형 폐기물 및 쓰레기봉투에 담기 어려운 폐기물은 종류 및 규격을 감안하여 시장·군수·구청장이 별도 규정.

매립장의 복토 등으로 활용토록 수집, 운반, 처리에 관한 사항을 관련 조례에 반영토록 했습니다.

　- 일반 쓰레기를 다량으로 배출하는 경우는 배출자 스스로 또는 일반폐기물처리업자에게 위탁하여 수집, 운반, 처리합니다.

　- 대형 쓰레기를 가정에서 버릴 때는 아래 표와 같은 수수료를 내면 별도의 수집, 운반 처리대책을 마련합니다.

　④ 재활용품

　재활용품 배출은 현행대로 5종류(단독주택지역에서는 2, 3종류)를 기준에 의해 수거해갑니다(재활용품의 배출요령은 248쪽을 참고할 것).

　⑤ 쓰레기봉투

　용도에 따라 일반용과 공공용으로 분류합니다. 일반용 봉투용량은 5 l , 10 l , 20 l , 30 l , 50 l , 75 l , 100 l 로 구분되어 있고, 공공용 봉투용량은 50 l , 100 l 를 기준으로 제작하되, 자치단체의 실정에 맞게 조정하도록 되어 있습니다.

　쓰레기봉투의 재질은 폴리에틸렌을 기준으로 제작됩니다. 봉투의 용량은 무게가 아닌 부피개념이기 때문에 적정용량이 담겨져야 합니다. 재질이 약하여 잘 찢어진다는 불만이 있는데, 강도를 높이기 위해 플라스틱 함량을 높이거나 두께를 늘릴 경우 난분해성에 의한 환경문제를 야기하므로 주부들이 조심스럽게 사용해야 하겠습니다. 즉 매립장에서 봉투가 잘 찢어지지 않아 내용물의 분해시간이 길어지고 매립장의 안전저하 및 지반침하 등의 문제가 발생할 수 있는 것입니다. 단 전분 등을 함유한 분해성 비닐은 봉투강도 및 비용 등을 고려하고 분해성 효과에 대한 품질을 평가한 후 자치단체의 실정에 따라 사용할 수도 있다고 합니다.

일반봉투와 공공봉투는 흰색과 엷은 청색을 반드시 구분하여 사용토록 되어 있습니다.

이상과 같은 쓰레기봉투의 제작과 관리책임은 시장 군수 구청장에게 있습니다.

⑥ 유원지 등 공공장소에서의 쓰레기 처리

유원지나 공원, 기타 등산로, 해수욕장 등 불특정 다수인이 이용하는 장소로서 시장·군수·구청장이 정하는 곳에서 쓰레기를 버릴 때는 관리사무소, 출입구 주변에 있는 상점 등에 일반용 봉투판매소를 지정, 이 곳에서 쓰레기봉투를 구입, 사용하도록 되어 있습니다.

⑦ 저소득층 등의 수수료 경감

생활보호대상자나 시장·군수·구청장이 인정하는 저소득 영세민의 경우는 봉투값을 경감하거나 무료로 공급하여 부담을 덜어주도록 하였으며, 재래식 시장, 시골 장날 등에서 종량제 시행으로 봉투값 부담이 커질 우려가 있는 영세상인의 경우는 쓰레기봉투값이 소비자의 물품값으로 전가되는 것을 방지하기 위하여 경감조치가 가능하도록 하였습니다.

⑧ 쓰레기 불법 배출 방지

쓰레기봉투를 사용치 않고 무단으로 버리거나 지정된 쓰레기봉투 외의 봉투를 사용할 때, 또 쓰레기를 불법으로 소각할 경우 과태료를 부과합니다. 다음 표에서 보는 바와 같이 시행지침하에 각 시·군·구에서 실정에 따라 조례를 만들어 과태료를 부과하게 되는데 최고 100만원까지 부과하게 되어 있습니다.

과태료 부과 기준의 예

부과항목	부과기준		
	1차 위반	2차 위반	3차 위반 (이후)
1. 폐기물투기금지지역 또는 시설에 폐기물을 투기한 자(법 제7조) "별첨자료 8 참조" 2. 폐기물을 종류 성상별로 분리 보관하지 아니한 자(법 제15조 제2항) 　가. 일반폐기물배출시 쓰레기봉투를 사용하지 아니하거나, 시장·군수·구청장이 정한 배출방법을 위반하여 배출하거나 지정된 장소 및 용기에 배출하지 아니한 경우	10만원	20만원	50만원
나. 쓰레기봉투를 묶지 아니하고 일반 폐기물을 담아 배출한 경우	5천원 (매회마다)		

주) 1. 위반 행위가 2가지 이상일 때는 각 위반행위에 따라 각각 부과한다.
　　2. 위반행위의 회수는 당해 위반행위가 있는 날 이전 최근 1년간의 한도에서 산입한다. (환경부의 〈쓰레기수수료종량제 시행지침〉에서, 1994.9)

3) 쓰레기를 버리는 요령

① 일반 쓰레기 버리는 요령

　일반 쓰레기 중 가장 문제가 되는 것은 음식찌꺼기입니다. 환경부가 밝힌 1992년 음식물 쓰레기의 하루 평균 배출량은 1만 9천 764톤으로 전체 생활 쓰레기 배출량(6만 2천 940톤)의 31%를 차지하고 있습니다. 그러므로 가정에서도 음식물 쓰레기를 줄이는 것이 쓰레기양을 줄이는 지름길이 되는 것입니다.

음식물 쓰레기를 줄이는 가장 좋은 방법은 먼저 나오는 양을 줄이는 것입니다. 다음으로 음식물 쓰레기를 발효시켜 퇴비로 만드는 것입니다.

환경부는 1994년 9월부터 하루 연급식인원이 3,000명 이상인 대규모 공장 등 집단 급식소와 대형음식점 144곳을 음식물 쓰레기 감량 의무대상으로 정해 음식물 감량처리 시설을 설치 운영토록 하고 있으며 95년 9월부터는 2천 명 이상의 급식소로 이를 확대할 예정입니다. 문제는 가정인데, 특히 대도시 아파트의 경우는 음식물 쓰레기가 차지하는 비중이 전체의 절반에 이르고 있어 음식물 쓰레기의 발효처리시설에 대한 관심이 높아가고 있습니다.

최근에 실험적으로 많이 쓰이고 있는 것은 'EM(유효미생물균)'으로서 현재 일본에서 음식물 쓰레기를 처리하는 발효제로 인기를 모으고 있다고 합니다. 사용법은 각 가정에서 간단한 용기에 음식물 쓰레기를 담고 여기에 유산균, 효모균, 방선균 등으로 이루어진 미생물발효제 EM을 섞어 음식물을 발효시키는 것입니다. 이 발효제와 용기는 (주)이화크린에서 판매, 보급하고 있는데, 용기값이 1만 원, 한 가구가 한 달 가량 사용할 수 있는 발효제는 300g짜리가 1천 원 정도라고 합니다. 현재 환경부에서는 이 효소제를 가지고 부산의 선경아파트와 경기도 연천군에서 시범으로 써보게 하고 있는데 이들 시범지역에서 성과가 좋으면 이른 시일 안에 전국 가정에 확대 보급할 계획입니다.

배달 녹색연합은 '그린 엠'이라는 발효제를 개발하였으며, 그밖에 많은 환경단체가 관심을 기울이고 있습니다.

음식찌꺼기를 비롯해 젖은 쓰레기는 물기만 없애면 부피를 줄일 수 있으므로 구멍을 뚫은 비닐 봉지에 담아 물기를 뺀 뒤 버립시다. 단독주택에서는 마당에 구덩이를 파고 음식물 쓰레기를 묻었다가 썩게 해서 쓰는 것도 부피를 줄이는 요령입니다. 기름류를 버릴 때는 신문지에 기름을 흡수시켜 버리고 깨진 유리, 스티로폴 등은 잘게 부수거나 작게 만들어 규격봉투에 담으면 좋습니다.

② 재활용품 버리는 요령

쓰레기봉투를 많이 사용치 않으려면 재활용품을 적극 분리배출하는 것이 요령입니다. 현재 환경부에서는 5가지로 재활용품을 분류하여 수거해가고 있습니다(단독주택지역은 2, 3가지).

이런 공통 품목 외에 재활용품의 품목선정이나 배출요령은 시장 군수 구청장이 정하는 방법에 따라 약간씩 차이가 날 수 있습니다. 예를 들어 스티로폴은 보통 재활용 대상품목이 아니나 그 지역내의 재생공장이 있는 경우는 분리수거해 가기도 하는 등입니다. 그러므로 자기 지역에서 어떤 품목이 기본 품목 외에 추가로 재활용되는 품목인지를 알려면 시·군·구의 청소과로 문의하여, 정확히 분리해야 하겠습니다. 실제 각 시·군·구에서는 스티커, 책받침, 책자들을 통해 이같은 상황을 홍보하도록 되어 있으므로 참고합시다.

분리배출은 또한 아파트지역과 단독주택지역에서 차이가 납니다. 아파트지역은 5가지 이상의 분리배출용기가 설치되어 있으므로 각 용기에 배출하면 되고 단독주택지역은 골목길이나 집 앞 도로가 좁은 게 보통이어서 각 품목별로 분리배출용기를 설치할 수 없기 때문에 각 지역마다 정해진 재활용품 수거날자에 크게 2, 3가지로 분류하여 배출토록 하고 있습니다(예, 재활용품의 80% 이상을 차지

재활용되는 품목과 안되는 품목

종류	재활용되는 품목	재활용이 안되는 품목
종이류	신문지, 책, 노트, 복사지 등 종이 쇼핑백, 달력, 포장지 종이컵, 우유팩 종이상자류(과자, 과일상자 등)	비닐코팅된 종이류(광고지, 포장지, 각종 홍보 유인물 등) 테이프, 스프링 등의 물질이 함께 붙어 있는 종류
병류	음료수병, 주류병 드링크병, 기타 병	유백색(유유빛깔) 유리병 거울, 각종 도자기류, 내열 식기류, 형광등, 전구 등
캔류	음료용 식품용 캔 분유, 통조림 등 캔 에어졸, 부탄가스용 캔	
고철류	공구, 철사, 못, 철판 등 쇠붙이 알미늄, 스텐, 알미늄새시 등	페인트통 등 유해물 포장통
의류	면제품류, 순모양복, 내의 등 합성섬유류, 혼방양복, 잠바 등	나일론 제품 한복, 담요, 솜 베개 카펫, 가죽제품, 1회용 기저귀 등
플라스틱류	· 페트병류 　음료수병, 간장·식용유병 등 · 각종 식·음료 용기류 　요구르트병, 사와병 　샴푸, 세제 용기류 　막걸리통, 물통, 우유병 등 · 기타 용기류 　상자(맥주, 콜라 등) 　쓰레기통, 쓰레받이 　물바가지, 머리빗 등	· 열에 잘 녹지않는 플라스틱용기 　전화기, 소켓, 전기전열기 등 　단추, 화장품용기, 식기류 등 · PVC류 용기 · 복합재질 용기 　과자, 라면봉지, 식품포장용기 등 · 기타 재활용 경제성이 없는 용기 　가전제품케이스, 스티로폴, 　1회용품, 볼펜 등 필기구 · 플라스틱과 철사가 합성되어 　있는 제품류(옷걸이 등)

하고 있는 종이류와 기타 재활용품 2가지).

이렇게 분리수거된 재활용품은 민간업자나 해당 관공서에서 수거한 후 시·군·구는 집하선별장으로 읍·면·동은 간이보관장으로 가서 다시 세분류됩니다(주택단지에서 두 가지만으로 분류된 쓰레기는 선별장에서 다시 세분류됨). 이렇게 분류된 재활용품은 재생공장으로 가고 선별장에서 발생된 쓰레기는 매립장이나 소각장으로 가게 되는 것입니다. 그러나 보통 재활용되는 것으로 여기는 종이류나 플라스틱류, 의류 가운데서도 분리수거가 안되는 것이 있으므로 잘 살펴서 버려야 하겠습니다.

그밖에 재활용되는 품목에서도 종이류는 신문지류, 잡지류, 우유팩류, 상자류 등 4가지로 분류되며 비닐코팅 입힌 것은 쓰레기로 처리합니다. 선전전단이라고 해서 모두 비닐코팅이 입혀진 것은 아닙니다. 종이 위에 비닐을 씌운 것처럼 번들거리는 것만 라미네이팅 코팅을 한 것이므로 그렇지 않은 광고지는 재활용 대상 종이입니다. 부탄가스나 살충제통은 반드시 구멍을 뚫어 배출해야 폭발의 위험이 없습니다. 복합재질(예를 들어 유리병에 철제마개 등)은 분리해서 배출하는 것이 원칙이며 음료용기는 반드시 안의 내용물을 비우고 뚜껑을 제거하여 버립시다.

가장 문제가 되는 플라스틱류는 용기 바닥에 재질분류표시가 되어 있습니다. 1번에서 6번까지의 표시가 되어 있는데, 3번으로 표시되어 있는 것은 재활용이 안되는 플라스틱이므로 일반 쓰레기로 배출해야 합니다.

4) 종량제의 문제점

이번에 실시되는 쓰레기 종량제는 쓰레기양을 줄이는 데 큰 효과가 있지만 아직 초기단계라 문제점도 안고 있습니다. 무엇보다도 종량제가 쓰레기문제의 근본적 해결책은 아니라는 것입니다.

①비닐봉지를 사용한다는 점이 문제입니다.

현재 사용하고 있는 봉투는 비닐을 재질로 사용하고 있어 환경적으로 옳지 못하다는 지적입니다. 분해성 물질을 넣어 만들었다고는 하나 효과에 의문을 표시하는 전문가가 많은 실정입니다. 또한 비닐을 사용함으로써 전국적으로 종래보다 더 많은 비닐을 쓰게 되어 비닐로 인한 환경오염의 심각성이 더해간다는 점입니다.

이 문제를 해결하기 위해서는 각 가정에서 봉투사용을 최대한 억제하여 비닐의 발생량을 줄이는 것도 필요하지만 정책적으로 일회용 비닐봉투가 아닌 내구성 용기의 사용을 도입하거나 분해가 쉬운 비닐을 도입하는 것을 검토할 필요가 있습니다. 유럽에서는 커다란 통을 놓고 그 안에다 각자 쓰레기를 가져와 넣도록 되어 있다고 합니다.

또한 현재 사용되고 있는 봉투는 투명해서 봉투의 내용물이 엿보이기 때문에 불쾌감을 불러 일으키거나 사생활 침해를 우려하는 소비자들이 있습니다. 또한 일부에서는 쓰레기봉투의 종류가 다양하지 못한 점을 지적하는데 종류가 다양하면 쓰기 편한 점은 있지만 여러 종류의 비닐을 생산하는 결과가 되기도 합니다. 일본에서는 30 l, 50 l 두 종류의 비닐만 사용한다고 합니다. 조금 불편하더라도 종량제의 취지 자체가 쓰레기를 줄이기 위해 소비자 개개인이 노력할 것을 요구하고 있는 만큼 환경을 생각한다면 장기적으로 봉투의 종류가 줄고, 용기도 내구성 재질로 바뀌어야 하겠습니다.

② 음식물 쓰레기 처리의 문제입니다.

종량제의 시행방법에 따르다 보면 음식물 쓰레기와 재활용이 안 되는 쓰레기를 같은 봉투속에 섞어 버리게끔 됩니다. 잘 썩지도 않는 비닐 속에 음식찌꺼기와 일반 쓰레기를 섞어 봉지째 매립하고 있는 이러한 현실은 매우 잘못된 방법인데, 이런 현상이 나오는 것은 음식물 쓰레기의 처리방법, 즉 아직 음식물 쓰레기에 대한 퇴비화 시설이 본격적으로 도입되고 있지 않기 때문입니다.

앞으로는 음식찌꺼기의 경우는 가정과 공공음식점에서 별도로 배출, 수거해가는 체계를 세우고 음식찌꺼기 재생비료공장에서 사료나 비료로 이용하게 하거나 퇴비화 시설을 각 가정에서 갖추도록 해야 환경파괴를 줄일 수 있을 것입니다.

③ 유독성폐기물에 대해 아무런 조치가 없는 것이 문제입니다.

예를 들어 무서운 미나마타병을 일으키는 수은건전지같은 유독성폐기물이나 형광등을 그냥 버리게 함으로써 토양이나 지하수를 오염시키게 되는 것입니다. 그러므로 이러한 유독성 폐기물은 반드시 전량 수거할 수 있는 장치를 마련해야 하겠습니다.

④ 대형 쓰레기의 문제입니다.

다 쓴 자동차, 냉장고, 세탁기, 텔레비전, 에어컨 등 부피가 큰 물건을 돈을 주고 버리라는 것은 잘못이라는 지적이 많습니다. 당연히 쓰레기 생산자 부담원칙에 의해서 제조회사가 책임을 져야 한다는 것입니다. 그러므로 생산공장 옆에 재생공장을 세우는 것을 의무화해야 할 것입니다.

⑤ 재활용품을 처리할 수 있는 체제를 마련치 않고 종량제를 실시했다는 점입니다.

종량제의 실시로 각 가정에서는 생활 쓰레기의 23%를 재활용품으로 내놓고 있습니다. 특히 환경부는 현재 실제 쓰레기 처리비용의 15% 정도인 쓰레기봉투값을 97년에는 60%, 2001년에는 100%까지 7배나 올릴 계획이어서 봉투값이 오를수록 재활용품 수집량은 계속 늘어날 전망입니다. 그러나 이런 재활용품을 쌓아놓을 선별집하장과 비축시설이 제대로 없는 실정입니다. 종이의 경우도 압축기도 없이 쌓아 놓다보니 비를 맞는 등 재활용의 가치가 떨어지고 있습니다.

또한 생활 폐기물의 재활용률도 답보상태를 벗어나지 못해 환경부가 통계로 잡는 11개 주요 품목의 재활용률은 91년 29.1%, 92년 32.1%, 93년 31.2%로 제자리 걸음입니다.

특히 플라스틱의 재활용률은 8.6%에 불과하며 연간 38억 개씩 쏟아져 나오는 깡통의 재활용률은 11.8%에 불과합니다. 연간 12억 개씩 생산되는 페트병은 재활용률이 4.7%에 불과해 가정에서는 분리수거함에 내놓지만 지방자치단체에서는 청소차에 실어 매립지에 버리는 실정입니다. 음식물 쓰레기의 경우도 공공음식점에서 퇴비화하여 내놓아도 사가는 사람을 제대로 연결시켜 주지 못하는 실정이라고 합니다. 이 모든 것이 재활용품을 처리하는 체계를 완비하지 않고 재생산업을 제대로 육성하지 않은 상태에서 종량제를 실시한 때문입니다.

⑥ 지방행정 및 지방의회가 여건 마련에 힘써야 하겠습니다.

종량제 실시로 폭증한 청소인력의 보강과 청소예산의 확충이 시급하다 하겠습니다. 또한 조례가 제정되지 않은 지역에서는 빨리 조례를 제정하여 종량제의 조기 정착을 이루어야 하겠습니다.

5) 종량제의 개선방향

① 지방자치단체 쓰레기 행정의 개선이 있어야 하겠습니다.

지방자치단체의 쓰레기 행정이 지금까지는 배출된 쓰레기의 처리업무가 주된 것이었다면 이제는 일반 쓰레기와 재활용 쓰레기의 수거기능을 강화함과 동시에 재활용품의 적절한 수요창출과 판로를 개척할 수 있도록 되어야 하겠습니다. 또한 매립과 소각, 재활용의 균형있는 통합관리에 대한 계획이 있어야 하겠습니다.

특히 지방정부는 종량제 실시로 인한 예산절감효과가 서비스의 개선과 시설투자에 돌아갈 수 있도록 해야 하겠습니다. 예를 들어 재활용품 분리수거용기의 구분을 쉽게 한다든지, 소규모 콘테이너를 도입하는 것, 수거체계를 단순화하여 주민참여를 높이는 방안, 수거용기의 개발 등을 지속적으로 연구하여 주민들이 편리하게 종량제를 따를 수 있도록 해야 하겠습니다. 아울러 청소인력의 확충과 미화원의 처우 개선도 시급합니다. 또한 과태료 부과는 지역실정에 따라 적정하게 하면서 주민들에게 그 사유와 쓰임새를 공개해야 할 것입니다.

② 재활용체계의 구축을 지속적으로 추진해야 하겠습니다.

한국자원재생공사의 재활용품 유통정보제공의 기능을 획기적으로 강화하여 지역에서 배출한 재활용품이 적절한 수요처를 찾아갈 수 있도록 해야 하겠습니다. 뿐만 아니라 재생산업의 육성이 시급합니다. 이는 지방자체단체 차원으로는 해결할 수 없는 일입니다. 중앙정부가 금융세제상의 혜택, 부지의 값싼 임대 등 재생산업이 경제성을 가질 수 있도록 지원하여야 할 것입니다. 이를 위해 정부는 재활용품의 안정적 보관과 공급을 위해 전국 260개 지방자치단체와 자원재생공사로 하여금 간이보관장, 선별집하장, 비축기지 등을 갖추게 하는 한편 지난 1월 13일에는 재활용산업의 육성을 위한 금융, 세제지원 방안을 마련하였습니다. 그러나 계획보다는 전국적인 실천의지가 더 중요하다 하겠습니다.

특히 재생산업의 육성도 중요하지만 재활용품으로서의 가치가 거의 없고 환경에 부담만 주는 플라스틱 용기와 깡통 등은 재사용 가능한 유리병으로 하루빨리 대체해야 하겠습니다.

③ 시민의식의 변화 및 기업의 생산·유통패턴의 변화를 지속적으

로 유도해야 하겠습니다.

종량제가 아무리 잘 시행되고 정착된다 해도 산업계에서의 변화가 동시에 수반되지 않는다면 쓰레기양 자체는 줄어들 수가 없습니다. 기업체는 생산과정에서의 쓰레기 감량을 위해 노력해야 함은 물론 재생을 고려하여 재활용이 쉬운 제품을 생산해야 합니다. 또한 중대형 폐기물의 경우 자사제품을 스스로 회수할 의무를 도입하고 현행 제도로써 규정되어 있는 포장폐기물 억제 및 일회용품 사용억제를 준수할 수 있도록 감독을 철저히 해야 하겠습니다.

아울러 시민들의 일회용품 사용이나 소비지향적인 자세 등의 변화가 없이는 종량제의 장기적인 성과는 기대하기 어려울 것입니다. 그러므로 교육과 홍보를 통해 시민의식을 변화시키는 데 노력해야 할 것입니다.

④ 정부의 쓰레기 관리정책의 일관성 유지가 필요합니다.

종량제는 쓰레기문제의 최종 해답이 아닙니다. 그러므로 정부는 종량제 실시를 계기로 쓰레기의 감량, 재활용, 소각, 매립의 균형적인 통합관리시스템을 신중하게 재구축해야 할 것입니다.

종량제는 쓰레기 배출을 억제하고 감량, 재활용품의 분리배출에 역점을 두고 있는 반면, 현재의 소각형태는 종량제 실시 이전에 계획되어 쓰레기의 증가를 전제로 하고 있습니다. 뿐만 아니라 소각 시설이 들어서는 지역에서 발생하는 가연성 쓰레기는 대부분 태운다는 것을 전제로 시설용량이 설정되어 있기 때문에 정책상의 모순과 혼선이 불가피한 실정입니다. 그러나 종량제 실시 이후 재활용품 배출량이 늘면서 정작 소각할 수 있는 쓰레기는 점점 줄어들고 있는 실정입니다. 특히 쓰레기 중 음식물찌꺼기가 많은 비율을 차지해 소각로에 음식물찌꺼기가 같이 들어간 경우 습기때문에 제대로 쓰레기가 연소되지 않아 오염물질 배출이 늘어나는 실정이라고 합니다. 그러므로 현재 주민들과 많은 마찰을 빚고 있는 소각장 건설계획의 수정과 아울러 쓰레기 정책의 혼선이 빚어지지 않도록 통합적인 쓰레기처리에 관한 관리 시스템을 확보해야 할 것입니다.

쓰레기 문제 해결을 위해 주부들이 해야 할 일

| 다같이 힘을 모아 |

①정부의 쓰레기정책이 자원의 재활용을 우선하는 방향으로 수립되도록 요구합시다 .

②기업의 제품생산을 위한 의사결정 과정에 주부, 일반시민들의 민주적 참여제도가 마련되도록 요구합시다.

다시 말해 제품생산 전에 자원절약, 재활용, 쓰레기발생 정도를 고려해야 합니다. 소비자가 원하지 않는 제품을 어쩔 수 없이 구매하는 현실에서 소비자에게 환경오염의 부담을 지우는 것은 불합리합니다.

③ 일회용품의 사용이 억제될 수 있도록 충분히 높은 세금을 물리도록 요구합시다.

덴마크는 일회용품을 사면 그 물건값의 50%의 세금을 징수한다고 합니다. 우리나라도 높은 세금을 물린다면 꼭 필요로 하는 사람 외에는 값이 비싸져 자연히 일회용품의 사용이 억제될 것입니다.

자기 지역에서 일회용품을 많이 쓰는 패스트푸드점이나 편의점, 음식점 등의 일회용품을 규제할 수 있도록 지방의회에 청원합시다.

④ 생산·판매자가 포장쓰레기의 처리책임을 지도록 하는 법·제도를 요구합시다.

포장쓰레기는 생산·판매자가 물건을 운반·저장·광고하기 위해 필요한 것이지 소비자의 편의를 위한 것이 아닙니다. 포장이 커질수록 가격은 올라갑니다.

⑤ 음료용기로 재사용이 가능한 병만을 사용하는 운동을 해야 하겠습니다.

덴마크에서는 음료수 및 맥주를 재사용할 수 있는 병으로만 판매하도록 하고 있습니다.

⑥ 가정의 유해물질(예: 폐수은건전지, 형광등, 가정용 페인트 등)은 일반쓰레기와 분리해서 수거, 처리토록 요구합시다.

이들 물질은 독성이 강해 심각한 토양오염을 일으킵니다. 그럼에도 아직까지 이런 물건들은 분리수거의 대상이 아닙니다. 하루 빨리 분리수거품목으로 지정해서 토양오염을 막아야 하겠습니다.

⑦ 정부에 음식물을 **퇴비화, 사료화**할 수 있는 기계의 개발과 그 **설치 보조금을 요구합시다.**

우리나라 쓰레기의 절반 가량이 음식물쓰레기입니다. 그러므로 음식물만 줄여도 쓰레기의 양은 많이 줄어들 수 있습니다(산업대학교 배재근 교수가 노원구 경남아파트 3동의 성상별 쓰레기를 조사한 결과 주방쓰레기가 52.9%에 달했습니다).

뿐만 아니라 음식 쓰레기도 자원입니다. 퇴비화하여 사료, 유기질비료로 써야 할 것입니다. 우리나라도 내년부터는 대형음식점에 퇴비화기계의 사용이 의무화됩니다. 그러나 아직은 퇴비화기술이 미비한 실정입니다. 그러므로 뒤떨어져 있는 퇴비화기술개발을 위해 정부에서 생산업체 등에 적극 지원하도록 요청합시다.

현재 가정이나 아파트에서 쓸 수 있는 퇴비화 기계들이 개발되어 있으나 아직은 값이 비싸 실용화되지 못하고 있습니다. 그러므로 정부에서는 음식쓰레기가 절약될 때 줄어들게 될 쓰레기처리비용을 감안하여 퇴비화기계의 보급을 늘리기 위해 보조금을 줄 수 있을 것입니다.

⑧ 재활용품의 매장을 늘려 소비자가 쉽게 살 수 있도록 해야 합니다.

재활용품이나 환경마크가 표시된 물건을 사려 해도 수퍼나 시장 등에서 구할 수가 없어 못사신 경험은 없습니까. 94년 1월부터는 '자원재활용 촉진을 위한 법'의 시행령에 의해 대형 소매업체, 백화점 등지에서 환경마크가 표시된 물건을 의무적으로 전시,판매하게 됩니다. 주변의 백화점이나 슈퍼마켓에 재활용품 판매코너가 있는지 살펴보고 없는 경우 설치를 요구합시다.

⑨ 큰 기업이나 관공서, 학교 등지에서 의무적으로 재생용품을 쓰도록 해야 합니다.

제품의 생산에 일정비율의 재생원료 사용을 의무화해야 합니다.

신문지의 경우 몇 %의 재생용지를 사용해야 한다든지 철강제품에 일정비율의 고철을 사용하도록 법제화하는 것이 필요합니다.

⑩ 종량제의 개선방향에 대해 연구하도록 해야 합니다.

비닐봉투가 아닌 내구성 용기를 개발하고 종량제가 보다 수월하게 실시될 수 있도록 해야 하겠습니다.

나부터 열심히

① 아껴쓰고 나눠쓰고 바꿔쓰고 다시 쓰는 건전한 소비문화를 주부가 앞장서서 만듭시다.

유행이 지났다고 쓸만한 물건이나 가구, 옷을 새로 사지는 않습니까? 충동구매를 하지는 않습니까? 건전한 소비문화야말로 쓰레기를 줄이는 지름길입니다.

우리 주변을 돌아보면 의외로 자기에게는 불필요하지만 남에게는 필요한 물건들 중 서로 교환할 수 있는 곳들이 많습니다. 잘 활용하여 알뜰살림을 꾸려나가야 하겠습니다.

경실련 알뜰가게

주소 : 서울 중구 신당2동 377-58 ●전화 : 231-6277

품목 : 옷, 운동화, 책, 환경상품

참여방법 : 기증할 물건이 있을 때 전화하면 경실련에서 일정을 정해 수거하러 갑니다. 물건을 구입할 때는 매장으로 나와야 합니다(물건을 팔 수는 없습니다).

이웃사랑 옷은행

주소 : 서울 성북구 안암동 안암복지회관 1층 ●전화 : 925-1421

품목 : "옷이 한벌에 500원" 500원만 내면 마음에 드는 옷을 살 수 있습니다.

참여방법 : 작아져 입지 않는 옷 등을 기증하려면 직접 갖다주거나 옷은행으로 연락하면 됩니다. 이곳은 옷을 판다고 하지 않고 대출한다고 하는데 "지금 필요해서 옷을 가져가지만 작아져 입지 않게 될 때 다시 돌려준다는 뜻이 담겨 있기 때문"입니다.

옷이 필요한 사람은 일정한 대출료를 내고 가져가면 됩니다.

알뜰주부 재활용전시관

위치:서울 지하철 2호선 을지로 입구역 구내, 규모:55평

전시내용:환경보전, 분리수거, 자원재활용 등에 관한 홍보
　　　　자료 전시
　　　　생활속의 재활용사례(생활공예, 생활용품) 소개
　　　　국내외 재활용상품 전시, 환경·재활용관련 도서
　　　　전시
　　　　분리수거, 재활용관련 기기 및 재활용품 전시
　　　　올바른 분리수거 요령 안내, 환경마크 획득상품
　　　　전시
　　　　재생제품 탄생과정 및 재생원료 전시
　　　　재활용품과 재생상품 교환
　　　　VTR상영 등 시청각자료 전시
　　　　계절별·월별 특별행사 실시

개관시간:매일 오전 10:00~오후 6:00(매주 월요일과 공휴
　　　　일은 휴관)

안내전화:755-8144(전시관), 731-6486(서울시 부녀복지과)

서울시 주최 시민알뜰장 정기개장 일정

구 별	연락처	일 시	장 소
종로	731-0491	매월 첫 목요일	사직공원
중구	260-1491	매월 27일	장충단공원
용산	710-3491	매월 첫 화요일	동별 개장
성동	450-1491	매월 27일	지역순회
동대문	925-2783	매월 28일	정릉천 하천공원
중랑	490-3491	매월 28일	중화2동 태능시장앞 놀이터
성북	925-5163	매월 28일	정릉2동 숭덕국민교앞
도봉	901-5491	매월 셋째목요일	수유2동 새마을회관
노원	950-3491	매월 10일	구민회관 앞 근린공원
은평	350-1491	매월 마지막 화요일	구청광장
서대문	330-1491	매월 27일	지역순회
마포	330-2491	매월 마지막 목요일	구청광장
양천	640-3491	매월 마지막 목요일	신정동 목4공원
강서	600-6491	매월 27일	화곡본동 어린이놀이터
구로	860-2445	매월 27일	구민회관
영등포	670-3491	매월 28일	당산공원
동작	810-1491	매월 마지막 목요일	구청광장
관악	880-3491	매월 27일	지역순회
서초	570-6491	매월 27일	구청 옆
강남	510-1491	매월 27일	개포 5공원
송파	410-3491	매월 2,4주 화요일	동별개장
강동	480-1491	매월 5일	구민회관

② 물건을 살 때 다시 한번 생각합시다.

꼭 사야 하는지 생각해 봅시다. 다른 것으로 대체할 수는 없는지, 현재 있는 것을 고쳐서 쓸 수는 없는지, 잠시 쓰는 것이라면 빌려 쓸 수는 없는지 생각해 봅시다. 생각 없이 사서 쓰지 않는 물건이 쌓이고 쓰레기로 버려지지 않도록 충분히 생각합시다.

③ 어떤 것을 사야 할까 생각합시다.

주부들이 가진 구매력의 힘은 상당히 큽니다. 어떤 제품을 골라 사므로 해서 한 기업을 육성시킬수 있고 또 반대로 어떤 것을 사지 않음으로 해서 제품의 생산을 중단시킬 수 있습니다. 매일매일을 선택 속에서 살지만 막상 이러한 선택이 힘을 발휘하기 위해서는 주부들 개개인이 자신의 선택의 의미를 충분히 깨닫고 의도적인 선택을 할 수 있어야 하겠습니다. 물건을 살 때 반드시 환경과 절약을 생각하는 습관을 기릅시다.

④ 일회용품을 사지 맙시다.

아이들이 살아갈 환경을 우리의 일순간의 편리와 바꿀 수는 없습니다.

⑤ 환경상품을 삽시다.

재활용의 가장 큰 문제는 재활용품을 사고 팔 시장이 적다는 것입니다. 그러므로 환경상품을 열심히 사는 것이야말로 시장을 형성하는 길 입니다.

⑥ 쓰고 난 후에 재활용이 쉬운 제품을 고릅시다.

될 수 있는 한 플라스틱 제품을 피하고, 여러가지 재질이 섞여 있는 제품을 피하는 것이 좋습니다.

현재 플라스틱은 거의 재활용이 되지 않습니다. 프랑스는 2000년 이후에는 재활용할 수 없는 제품의 제조를 금한다고 합니다.

종이팩에 플라스틱 마개가 달린 우유나 쥬스 팩, 플라스틱과 철재가 섞인 가전제품들은 재활용을 어렵게 합니다. 한 가지 재질로 만든 제품을 선택하는 것이 바람직합니다.

⑦ 쓰레기 발생을 적게 하는 방법으로 물건을 삽시다.

불필요한 포장, 과대 포장된 물건을 피하고, 가능하면 재충전 할 수 있는 제품을 고릅시다.

화장품, 세제 등의 경우 내용물만 사도록 합시다. 또 상하지 않

환경상품목록

품 목	업 체 명	상 품	구 입 처
공 책	아시아문화교류 연구소	재돌이 (국민학생용)	강남출판센터(512-3947) 코아아트센터(730-8196), 일반문구점
	(주)바른손팬시	꼬마또래 (국민학생용)	• 서울 남대문(388-5840) 영등포(617-1281) 동대문(462-6732) 천호동(488-5791) 민들레유통(522-1331) 교보(732-9091) • 지방 포항(83-5131) 부산(861-3996) 광주(228-1561) 제주(52-7682) 대구(767-4864) 충청(221-0361) • 일반문구점
	(주)모닝글로리	모닝글로리 (국민학생용)	본사(719-0400), 모닝글로리영풍점 일반문구점
	아트박스	350노트 (국민학생용)	본사(586-8211) 일반문구점
	영문구	칸나 (국민학생용)	성남본사(02-234-6069) 일반문구점
화 장 지	(주)원경제지	파라다이스	서울(548-4485) 청주공장(0431-63-3831)
	부림제지공업(주)	코주부	서울(242-0101), 슈퍼, 연금매장
	(주)모나리자	땡큐	본사 영업부(653-5544~7) 대형슈퍼, 백화점
	(주)대한펄프	라라	본사(278-4545), 대형슈퍼, 백화점
	대왕제지(주)	마마	서울(854-6811) 군포공장(0343-52-3338)

화 장 지	동신제지	챔프골드	서울(421-5811~9, 846-2068) 온양공장(44-7511)
	삼정펄프(주)	리빙	서울(743-7071)
	성림제지(주)	마미	서울(234-9330) 용인(0335-33-7771)
	신호제지(주)	깔끄미	서울(544-3842) 대형슈퍼
	유한킴벌리(주)	뽀삐 뽀삐 핸드타올 뽀삐 점보롤	• 서울(528-1788, 1751) • 지방 수원(43-9987) 부산(885-0348) 창원(421-8877) 포항(83-8869) 광주(375-4584) 대전(622-2430)
정화조	유성기업	접촉폭기형정화조	광주(951-6861)
스 프 레 이 · 무 스	(주)럭키	차밍 외 22개	화장품가게, 슈퍼, 백화점 생활용품코너
	태평양화학(주)	아모레 미스토픽 외 5개	화장품가게, 슈퍼, 백화점 생활용품코너
	한국화장품	쥬단학 스타일링	화장품가게, 슈퍼, 백화점 생활용품코너
	유미코스메틱(주)	프로패셔날 아모스	화장품가게, 슈퍼, 백화점 생활용품코너
	(주)피죤	듀에나 샤레이드	화장품가게, 슈퍼, 백화점 생활용품코너
	(주)가양	나드리 세리엔스외 1개	화장품가게, 슈퍼, 백화점 생활용품코너
	정산실업	백옥생	화장품가게, 슈퍼, 백화점 생활용품코너
	애경산업	애경헤어포트	화장품가게, 슈퍼, 백화점 생활용품코너
방 향 방 취 제	(주)하이켐	FRESH	슈퍼, 백화점 생활용품가게
	대왕실업(주)	산도깨비	슈퍼, 백화점 생활용품가게
	한국존슨(주)	그레이드	슈퍼, 백화점 생활용품가게
면도용품	(주)피어리스	다이나믹스리취세이빙폼	화장품가게

는 물건의 경우는 되도록 작은 단위의 포장보다는 대용량 포장이 쓰레기를 적게 만듭니다. 장바구니를 드는 것을 생활화하고 비닐, 쇼핑백의 사용을 줄입시다.

적당한 양, 필요한 양만 사도록 합시다. 특히 전체 쓰레기의 절반에 가까운 음식물의 경우 물건을 사는 과정에서 버리지 않을 수 있는 양만 사는 것이 가장 좋은 방법입니다.

⑧ 물건을 버리기 전에 다시 한번 생각합시다.

다른 용도로 사용할 수 없는지, 고쳐서 쓸 수는 없는지 주위에 필요한 사람은 없는지 등을 살펴 봅시다. 아직 쓸 수 있는 물건의 경우 알뜰시장을 통해 바꾸어 쓰는 지혜도 꼭 필요합니다.

각 가정에서 직접 쓰레기를 버리는 주부들의 참여가 무엇보다도 필요한 부분이 쓰레기의 분리 배출입니다. 주부들이 재활용품을 내놓을 때 좀 더 세세하게 분류하고, 깨끗이 분리한다면 재활용을 통한 수익도 높아질 뿐 아니라 재활용의 비용도 절약하고, 오염도 줄일 수 있습니다.

분류 방법에 따르는 재활용품 가격

종이
   혼합종이   40원 /kg
   신문지   70원 /kg
병
   혼합병   15원/kg
   소주병   37원/kg
   맥주병   55원/kg
   정종병   100원/kg
   쥬스병   180원/kg

⑨ 종량제를 철저히 지킵시다.

규격봉투를 사용하고 쓰레기통이 아닌 곳에 무단으로 쓰레기를 버리지 맙시다.

⑩ 음식찌꺼기를 가정에서 퇴비화 해봅시다.

⑪ 재활용품은 적절한 분리배출요령에 따라 내놓습니다.

각 가정에서 모은 재활용품은 5가지 종류(종이 및 의류, 병류, 캔류, 고철류, 플라스틱류)로 분류하여 아래와 같은 방법으로 재활용품 분리용기에 구분하여 넣습니다.

음식물 쓰레기를 버릴 때는 물기를 꼭 짜서 국물이 흐르지 않도록 버려야 합니다. 과일 껍질, 달걀껍질, 야채를 다듬은 쓰레기 등은 말려서 농촌으로 다시 보내는 것도 좋은 방법입니다(여성민우회 생활협동조합에서 실천하고 있음).

재활용품 분리 배출방법

종 류	품목	배출요령
종이류	신문	물기에 젖지 않게 하고 반듯하게 펴서 차곡차곡 쌓아서 묶음.
	종이쇼핑백 광고용지, 달력	차곡차곡 가지런히 모아 종이끈으로 묶어 용기에 넣음(30cm높이).
	헌책·잡지·공책 등	30cm높이로 묶어 용기에 넣음. 비닐코팅표지, 공책의 스프링 등은 제거함.
	종이박스	완전히 펴서 동일한 규격으로 접어 묶음. 상자에 붙어 있는 테이프, 철핀을 제거한 후 압착하여 운반이 쉽도록 묶음.
	우유팩	내부를 세척하여 펴서 말린 후 묶어 배출.
	비닐코팅, 종이류 음료수팩 , 스치로폼	재활용이 어려움으로 당분간 일반쓰레기로 버림.
의 류		단추 및 금속류는 따로 분리하여 면류와 합성섬유로 구분하여 넣음.
유리병류	술병, 음료수병 화장품병, 드링크병 등	금속뚜껑은 따로 분리하여 고철류에 버리고 공병은 내용물을 비운 후 버림.
캔류	맥주캔, 음료수캔 분유캔, 통조림캔	종이상표는 따로 떼어 종이류에 넣고 캔류의 내용물을 비운 후 넣음. 부탄가스, 살충제용기는 구멍을 뚫어 배출. 겉 또는 속에 플라스틱 뚜껑이 있는 것은 플라스틱 제거할 것.
프라스틱류	간장통, 식용유통, 샴푸통, 세제용기, 장난감, 요구르트병 장판 등	금속뚜껑은 따로 분리하여 고철류에 버리고 내용물을 비운 후 세척하여 넣음. 가능한 한 압착하여 부대 축소.
고철류	남비류, 양은류 스텐류, 자동차 등 철류	목재나 철류가 아닌 것은 따로 분리하고, 고무류나 붙어 있는 플라스틱을 제거한 후 금속부분만 용기에 넣음.

이밖에 우리 동네 재활용품 배출요일을 비롯 모든 재활용에 관한 문의는 동사무소 청소담당, 구청 청소과나 청소사업본부 분리수거 담당(전화 779-6091, 771-0614~5번)에게 하면 됩니다.

각 구청 청소과

구 명	전화번호	구 명	전화번호
종로구청 청소과	731-0375	용산구청 청소과	710 -3374,716-6000
중구청 청소과	260-1375	성동구청 청소과	450-1375, 446-6000
동대문구청 청소과	920-4375	중랑구청 청소과	490-3375~7
성북구청 청소과	920-3375	도봉구청 청소과	901-5375~7
노원구청 청소과	950-3375~7	은평구청 청소과	350-1375~8
서대문구청 청소과	330-1375~8	마포구청 청소과	330-2375,324-6000
양천구청 청소과	350-1375~8	강서구청 청소과	600-6375~7
송파구청 청소과	419-6000	동작구청 청소과	810-1376
강동구청 청소과	480-1375~7	강남구청 청소과	510-1375
영등포구청 청소과	670-3375~7	구로구청 청소과	860-1375
서초구청 청소과	588-6000	관악구청 청소과	880-3375~7

6

원|자|력|논|란|알|고|참|여|합|시|다

주부들의 실천

1. 원자력발전소의 건설을 반대합시다.

1. 핵폐기물의 관리를 철저히 하도록 촉구합시다.

1. 대체에너지 개발을 촉구합시다.

1. 가정에서 에너지를 절약합시다.

원자력발전, 과연 값싸고 안전한 에너지인가요?

1. 왜 주부들이 원자력 발전에 관심을 기울여야 할까요?

우리 생활은 이제 전기에너지와 뗄래야 뗄 수 없는 연관을 갖고 있어 잠시라도 전기가 없는 생활을 상상할 수가 없을 지경입니다. 그러나 이렇게 편리한 전기도 그냥 생기는 것이 아니므로 수요와 공급이 있고 양자를 효율적으로 맞추기 위한 국가의 정책과 방침이 있게 됩니다.

하지만 우리 주부들은 보통 가정에서 전기세를 낼 때 이외에는 한국전력에서 전기를 공급한다는 사실 정도만을 알 뿐 전기에너지를 생산 공급하는 과정 중에 소비자들의 의견이 얼마나 중요한가에 대해 깨닫지 못하는 경우가 대부분일 것입니다. 그러나 이제 우리 가정에서 거의 공기나 다름없이 매일 쓰는 전기에너지의 경제적 의미나 환경과 밀접하게 연관되어 있는 에너지 정책을 우리 주부들도 알아야 할 때입니다.

에너지 문제에서 우리 주부들이 가장 먼저 알아야 할 것이 에너지는 유한하다는 것입니다. 현재 지구상에 있는 각종 연료는 마구 낭비해온 까닭으로 1990년의 소비수준으로 계산할 때 기름은 46년, 석탄은 250년, 천연가스는 67년이 지나면 고갈된다고 합니다. 더욱이 2000년이 되면 인구증가와 함께 전세계의 에너지수요가 4배로 증가할 것으로 예상되고 있습니다.

그러므로 에너지를 낭비할 경우 곧 에너지파동이 주는 어려움을 겪지 말라는 보장이 없는 것입니다. 앞으로의 미래생활은 에너지를 아끼는 것이 다른 무엇보다 생활화된 삶이 되어야 하겠습니다.

다음으로 에너지정책에 관계된 것입니다.

유한한 에너지, 그러나 계속 써야만 하는 에너지를 어떻게 조달할까가 바로 에너지정책에 관계된 것입니다. 그러므로 다른 것과 마찬가지로 에너지문제도 바른 정책을 쓰면 우리의 삶이 풍요로워지지만 그렇지 않고 잘못된 정책을 쓴다면 많은 재앙을 가져오게 될 것입니다.

　에너지정책을 둘러싼 논쟁 중 가장 대표적인 것이 원자력발전의 문제로서 원전을 계속 건설하여 모자라는 전력을 공급하겠다는 정부의 주장과 원자력발전은 가장 나쁜 선택이라는 주장이 맞서 있으므로 이에 대해 살펴봅시다.

　현재 우리나라는 9기의 원전이 가동중이고 앞으로 2030년까지 50기의 원자력발전소를 더 건설한다고 합니다. 이는 세계적으로 원전이 420곳쯤 있으므로 거의 1/8이 몰려 있는 셈입니다. 그러므로 과연 원자력발전이 우리나라 에너지문제를 해결하는 데 타당한 정책인가를 살펴보아야 하겠습니다.

2. 원자력발전을 해야 모자라는 전력을 공급받을 수 있다는데…

　우리들은 "매년 전력소비가 200만 KW씩 증가한다," "앞으로 10년 후면 우리나라 전기소비량이 현재보다 2배 이상 늘어날 것이다”는 등의 말에 자주 접해 왔습니다. 그래서 모자라는 전기수요를 충당키 위해 이미 한계에 와 있는 수력이나 화력발전이 아닌 원자력발전소를 더 세울 수밖에 없다는 것입니다.

그러나 사실은 이와는 크게 다릅니다. 우리나라의 전기는 모자라지 않는다고 합니다. 통계를 보면 92년 중 전력 소비가 가장 많은 날인 7월 28일을 보아도 전기 소비량은 공급량의 68%에 지나지 않는다고 합니다. 게다가 여름과 겨울, 낮시간과 밤시간의 전기 사용량이 엄청나게 차이가 납니다. 앞으로의 전력수요가 크게 늘 것이라는 예측도 물론 이 여름철의 최대전력수요를 기준으로 한 것입니다. 여름철 냉방으로 전력이 가장 많이 소비되는 몇일 때문에 일단 가동이 시작되면 전기가 남아돌더라도 버려가면서 폐기될 때까지 계속 돌려야 하는 핵발전소를 지어야 한다는 것이지요.

그러나 핵발전소를 짓지 않고 핵발전소 지을 돈의 일부만으로도 충분한 대안을 마련할 수 있습니다. 우선 우리나라는 전기수요가 계절, 시간대에 따라 크게 차이가 나 전기를 적게 쓰는 때는 남는 전기를 그대로 버려야 하는데, 낮시간의 냉방으로 인한 전기수요는 밤에 남는 전기를 빙축하여 사용하는 빙축냉방시설을 갖추는 것입니다.

뿐만 아니라 대용량의 핵발전소를 지어놓고 전기를 멀리 운반하여 쓰는 경우 70%의 에너지를 버리게 되고 겨우 30%만 사용하게 되는 낭비도 있다고 합니다.

또한 우리나라의 전력소비 내용을 보면 향락과 과소비 등 불필요한 곳에 쓰이는 것이 많다고 합니다. 어쩌다 백화점에 가보면 그 휘황찬란한 샹들리에와 밝은 실내장식을 보면서 정말 전기가 너무 아깝다는 생각을 해보신 적이 있을 것입니다. 예를 들어 잠실 롯데월드백화점 한 곳에서 쓰는 전기가 제주도 전체가 쓰는 양과, 여의도 63빌딩은 의정부시 전체가 쓰는 양과 맞먹는 전기를 소비한다고 합니다. 그러므로 일상생활과 산업시설에 쓰는 전기를 우선적으로 확보한 후 불요불급한 곳의 전기를 철저히 야껴 쓴다면 많은 양의 전력낭비를 막을 수 있을 것입니다.

3. 원자력은 깨끗한 무공해에너지라는데...

지하철이나 신문지상의 광고에서 우리는 '클린에너지 원자력', '깨끗한 에너지 원자력' 등으로 선전하는 것을 많이 보게 됩니다. 원전의 필요성을 주장하는 사람들이 가장 역점을 두고 이야기하는 것 중의 하나가 원자력은 '깨끗하고 공해 없는 에너지' 라는 것입니다. 그러면 과연 원자력은 깨끗한 에너지일까요?

정부와 한국전력공사는 석탄과 석유를 연료로 사용할 때 이산화탄소, 이산화질소산화물, 아황산가스 등이 배출되어 지구의 온실효과가 커지면서 이상기온이 나타나고 산성비가 내리며 오존층이 파괴되는 등 심각한 위기를 맞고 있는 반면 원자력은 공해물질을 내뿜지 않기 때문에 무공해에너지라고 말합니다.

그러나 원자력발전의 연료가 되고 있는 방사능 물질은 석탄과 석유를 연료로 사용할 때 나오는 공해물질보다 더 치명적입니다. 대량의 방사능에 쪼일 경우 일어나는 급성장애로 피부염, 불임증, 구토, 전신마비 등의 증세가 있으며 심하면 죽게 되고, 적은 양의 방

사능에 피폭되더라도 수년간의 잠복기를 거쳐 백혈병, 암, 백내장, 불임증 등에 걸리게 됩니다. 뿐만 아니라 방사능 물질은 유전자 돌연변이와 염색체 이상을 초래해 기형아를 낳게 되어 후세에까지 무서운 결과를 초래하게 되는 것입니다.

방사능물질은 종류에 따라 짧게는 몇년에서부터 길게는 수십만년 이상 방사선을 내뿜는다고 합니다. 요즘 많이 거론되고 있는 플루토늄의 경우 1백만 분의 1g으로도 폐암을 일으키며 독성이 반으로 줄어드는 반감기도 2만 4천년이나 됩니다. 그런데 핵발전소를 가동시키면 1기에서 이러한 방사능 물질이 1년에 15∼20톤씩 폐기물(쓰레기)로 생겨난다고 합니다.

또한 화력발전이 대기오염을 일으키기 때문에 원자력발전소를 지어야 한다지만 전세계적으로 모든 화력발전소를 핵발전소로 바꾼다고 가정하여도 온실효과를 줄이는 데 11%밖에 기여하지 못한다는 연구도 나와 있는 형편입니다. 이는 산업부문이나 난방으로 인한 아황산가스의 배출에 비해 전력생산으로 인한 아황산가스 배출량이 비교적 적기 때문입니다.

반면 우리나라의 9개 원자력발전소에서 매년 만들어내는 방사성 물질은 히로시마 원폭투하로 생긴 양의 1천배 가량에 이른다고 하니 화력발전소에서 나오는 공해물질과는 비교할 수가 없는 것이지요.

4. 원자력발전, 안전하다는데...

원자력발전의 가장 큰 문제점 중 하나가 과연 안전한가에 있습니다. 텔레비전에서는 원전 노동자들이 쓰던 장갑이며 모자 등을 보여주며 원전에서 나오는 폐기물은 이런 것뿐이고 그나마 모두 안전한 곳에 묻기 때문에 더없이 안심할 수 있다고 말합니다. 그러나 1986년에 있었던 구소련 체르노빌의 원전 사고는 과연 원자력발전이 안전한가에 대한 하나의 답이 될 것입니다.

체르노빌 원전사고는 원자로를 식히는 냉각수관이 파괴되자 원자로 내부의 온도가 급히 올라가 폭발해버렸는데 이때 발전소 건물

이 산산조각이 나면서 강력한 방사능을 내뿜어 일어난 크나큰 사고였습니다.

이 폭발로 당시 반경 300km의 땅이 방사능에 오염되어 수십년간 사람이 살 수 없는 유령도시가 되었고, 240명이 사망한 것을 비롯하여 소련과 그 주변 유럽국가에서 방사능오염에 의해 7만 5천명이 암으로 죽을 것이라는 진단이 내려지고 있으며 동·식물과 인체에 나타나는 갖가지 유전적 기형이 계속 나타나고 있습니다. 체르노빌 북부에서는 최근 3년 동안 한 쪽 눈의 동공이 아예 없거나 한 쪽 팔이나 다리가 없는 등 서른 명이 넘는 기형아가 태어나 모두 죽기도 했습니다.

그런데 우리나라의 핵발전소는 고장에 의한 불시 정지율이 미국이나 일본에 비해 75%까지 높은 것으로 나타나 언제 대형 핵사고가 일어날지 모르는 실정입니다. 영광, 고리, 월성에서 서울까지 300km안팎의 거리이기 때문에 어느 한 곳에서라도 사고가 나면 우리나라는 한순간에 전국토가 방사능으로 뒤덮혀 죽음의 땅이 될지 모르는 것입니다.

설사 사고가 나지 않더라도 원자력발전소를 가동할 때 생기는 핵폐기물의 처리가 큰 문제입니다. 심지어 원자력발전소에서 일하는 사람들이 사용한 피복류, 장갑, 걸레, 부속품, 공구까지도 방사능에 오염되어 있어 함께 처리해야 합니다.

우리나라는 이러한 핵폐기물을 발전소 부지에 임시저장하고 있는데 90년대 중반이면 자체 저장능력이 한계에 이르게 되며, 고리 1호기, 월성 1호기는 이미 90, 91년에 저장한계를 넘어섰다고 합니다. 게다가 임시저장되고 있는 철제용기가 부식되어 방사성폐액이 흘러나오고 있는 실정인데 이렇게 외부로 누출된 방사능물질은 물, 대기, 토양을 오염시켜 먹이사슬을 통해 우리 모두에게 퍼져나가게 됩니다.

정부는 이들 핵폐기물을 '핵폐기물영구처분장'을 지어 거기다 한데 모아 보관하기로 하고 있으나 수만년 동안 일어날 지진, 지각변동, 기후변화 등을 고려해 핵폐기물을 환경과 완전히 격리하는 것은 거의 불가능하며 시간이 지나면 강이나 토양으로 침투해 결국 우리의 생명에 영향을 줄 수 있습니다.

　또한 수명이 다한 핵발전소는 그 자체가 이미 엄청난 핵폐기물덩 어리입니다. 우리나라는 고리 1호기가 2005년에 해체될 예정이며 나머지도 차례로 원전의 수명이 끝나게 되어 있습니다. 그러나 수 명이 다한 핵발전소를 폐기하는 기술이 전세계적으로 제대로 개발 되어 있지 않아 원전 폐기에 따른 기술과 안정성이 심각한 문제입 니다.

　전문가들은 못쓰게 된 원자력발전소를 약 700년 동안 보존, 감 시해야 한다고 합니다. 그래서 일부에선 원전을 '착륙장 없는 비행 기'라고 부르기도 합니다.

5. 원자력발전, 경제적이라는데...

　정부와 한전은 원자력발전이 다른 발전소에 비해 건설비는 많이 드나 연료비가 월등히 싸기 때문에 장기적으로 보면 경제적이라고 말합니다. 원자력발전의 1kw당 발전단가는 27.4원, 이는 화력발전단가 47.86원, 수력발전단가 30.83원에 비해 싸다는 주장입니다.

　그러나 이 계산에는 첫째, 원자력 개발을 위한 총비용, 둘째, 핵폐기물처리비용, 셋째, 수명이 다한 원전의 해체비용, 넷째, 핵폐기물이나 못쓰게 된 원전을 감시하는 데 드는 비용, 다섯째, 방사능 오염의 제거비용이 들어가 있지 않습니다. 그리고 우리나라는 원전의 주원료인 우라늄을 수입해서 쓰고 있고 우라늄을 원자력발전에 사용할 수 있도록 농축하려면 또 막대한 에너지가 든다고 합니다. 더욱 놀라운 것은 확인된 우라늄 매장량에 의하면 100년 이상은 사용하기 어렵다는 점입니다.

　게다가 핵발전소의 열효율은 30%밖에 안되기 때문에 나머지 70%의 열은 3-5℃로 높아진 상태에서 물로 바뀌어 바다로 버려집니다. 100만 kw급 핵발전소일 때 초당 약 70톤씩의 온배수가 배출되는데 온배수는 바닷물의 온도를 높여 생태계를 파괴할 뿐만 아니라 그 속에 섞인 방사능물질로 주변 해역을 오염시키고 있습니다.

　그러므로 이 모든 비용을 감안한다면 원전은 결코 싼 에너지가 아닙니다. 영국에서는 원자력발전이 어떤 발전 방법보다 다섯배 이상 비싸다는 결론에 이르렀다고 합니다. 우리나라에서도 이미 91년도 원자력회의 자리에서 한국전력의 사장이 '더이상 원전이 싸다고 할 수 없어 깨끗한 에너지라는 점을 부각시키고 있다' 고 실토하였습니다.

6. 원자력발전소를 없애나가는 것은 세계적 추세입니다.

핵발전소의 위험성이 구체적 사실로서 알려졌고 비경제성이 명백해지자 많은 국가의 국민들은 핵발전소 반대운동을 펼쳤습니다. 그래서 지속적인 이런 운동 덕에 핵발전소를 없애나가는 것은 이제 세계적 흐름이 되었습니다.

스웨덴, 스위스, 오스트리아, 이탈리아 등이 국민투표를 통해 일정시기까지 자기들 나라의 핵발전소를 완전히 없앨 것을 이미 결정한 상태이고 미국, 소련, 독일, 영국, 프랑스 등도 핵발전산업이 계속적으로 퇴보하거나 위기에 처해진 상태입니다.

세계 최대의 원전 보유국인 미국이 74년 뒤로는 단 한 건의 원전도 발주하지 않았음이 이를 잘 말해주고 있습니다. 자기네 나라에서는 설 땅을 잃은 핵발전산업이 우리나라 등 제3국에 설비와 기술을 팔아먹는 형태로 맥을 잊고 있는 것입니다.

이상에서 보듯이 원자력발전은 많은 위험과 낭비를 내포하고 있습니다. 선진국에서도 원자력발전소가 실패라는 것을 인정하고 있다고 합니다. 경제성이 없고, 사고의 위험성이 높으며, 방사성폐기물에 의한 환경오염문제가 심각하기 때문입니다. 이제까지 우리는 원자력발전의 타당성을 주장하는 논리의 약점을 살펴 보았습니다.

원자력 문제, 주부의 몫은?

다함께 힘을 모아

·① 원자력발전소의 건설을 반대해야 하겠습니다.

에너지 정책은 국가의 일이라고 무관심하게 있을 것이 아니라 에너지정책에 적극 관심을 기울입시다. 그 하나가 원전을 반대하는 것입니다. 무엇보다도 핵발전소의 신규건설을 동결하고 기존 핵발전소도 폐기하는 것이 시급합니다.

② 핵폐기물의 관리를 철저히 하도록 촉구합시다.

기존에 이미 시설되어 있는 핵은 안전하게 처리될 수 있도록 핵처리기술을 개발하고 국민 전체의 의견을 수렴하여 지질, 지형적으로 가장 안전한 곳에 특별관리지역을 선정하여 핵폐기물을 저장, 관

리하도록 촉구합시다. 이는 우리의 생존이 걸린 매우 중요한 일입
니다.

정부는 발전소나 핵폐기장 주변의 주민들이 반대하는 것에 대해
집단이기주의라고 몰아부치지만 오히려 따지고 보면 핵발전을 반
대하는 사람들은 핵발전소를 지음으로써 이익을 보고 있는 일부의
집단이기주의에 맞서서 우리 국민 전체와 자손의 생명을 지키려 하
고 있는지도 모릅니다. 원자력은 죽음의 에너지이기 때문입니다.

③ 대체에너지 개발을 촉구합시다.

우리나라는 태양열, 풍력, 조력, 지열, 소수력, 바이오에너지 등
대체에너지로 이용할 수 있는 천혜의 자원을 많이 가지고 있습니다.
어떤 학자들은 국내에서 사용되는 연간 에너지 총수요의 약 46배
에 이르는 양의 대체에너지 자원이 우리나라에 있다고 합니다. 그
러나 이를 개발하려는 노력이 거의 없었음은 대체에너지 연구개발
에 투입되는 정부재정이 연간 50억원 안팎이었다는 사실에서 잘 알
수 있습니다. 그러므로 하루라도 빨리 대체에너지를 개발할 수 있

도록 정부에 촉구합시다.

나부터 열심히

　원자력발전이 에너지를 생산해낼 수 있는 바른 대책이 되지 못한다는 것을 이제 알았습니다. 그렇다면 원자력발전소를 더 짓지 않도록 하기 위해 가정에서 우리 주부들이 할 수 있는 실천은 무엇일까요? 가장 기본이 되는 것이 에너지 절약입니다. 에너지를 절약해야 더 많은 원자력발전소를 건설하지 않을 것이기 때문입니다.

　① 가정에서 사용하는 에너지를 평가합시다.
　에너지절약은 거창하고 실천하기 어려운 것이 아니라 우리의 생활양식에 약간의 변화를 주는 간단하고 경제적인 방법입니다. 그러므로 에너지절약을 위해 우리가 할 수 있는 첫번째 일은 가정에서 사용하는 에너지를 평가하는 일입니다. 예를 들어 우리 집에 전구는 모두 몇개이며 그 중 쓸데없는 것은 없는지, 줄일 수 있는 전구나 형광등으로 바꾸어도 무방한 것은 없는지 등을 살펴봅시다. 실제로 우리가 가정에서 사용하는 전체 전력의 약 25%는 전등불을 켜는 데 사용된다고 합니다. 그러므로 전등을 무엇을 선택하는가, 그리고 어떻게 사용하는가 하는 것은 에너지절약에 있어 매우 중요한 사항입니다.

그리고 개개인의 습관 속에 에너지를 낭비하는 예는 없는지. 예를 들어 보지도 않으면서 텔레비전이나 라디오를 틀어놓는 습관 등은 없는지를 평가하고 점검하여 목록작성과 더불어 에너지 절약지침을 온가족이 만들어 봅시다. 뜻밖의 효과를 거둘 수 있을 것입니다.

② 조명에서도 에너지를 절약합시다.

불필요한 조명은 항상 끄도록 합시다. 백열등은 형광등으로 교체합시다. 형광등은 백열등의 1/3의 전력으로 같은 밝기를 낼 수 있고 전기요금도 3배나 싸며 수명도 훨씬 깁니다. 다만 형광등은 처음 켤 때 전력이 많이 소비되므로 오래 켜놓는 곳에 유리하며 화장실 등 자주 켰다 껐다 하는 곳은 켜고 끄는 데 상대적으로 전력이 덜 소비되는 백열등을 이용합시다.

낮에는 가급적 자연광을 이용하여 채광합시다. 백열전구나 형광등을 자주 깨끗이 닦아줍시다. 샹들리에처럼 전력소비가 많은 전등을 쓰지맙시다.

③ 엘리베이터를 잘 사용합시다.

아파트에서 엘리베이터는 격층 운행하도록 건의합시다. 엘리베이터 '닫힘' 버튼 안누르기 운동을 합시다. 닫힘버튼을 안누르고 5초만 기다리면 3~4%의 전력낭비를 막을 수 있습니다. 가까운 층은 가급적 걸어다니고 엘리베이터를 사용하지 맙시다.

④ 텔레비전, 오디오 등을 제대로 사용합시다.

보지않는 텔레비전이나 라디오, 오디오, 전기스탠드 등은 플러

그를 뽑아 놓읍시다. 텔레비전이나 오디오의 리모콘 사용을 자제합시다 리모콘으로 인한 전력소비가 생각보다 매우 많다고 합니다. 대형 텔레비전을 선택하지 말고 텔레비전 브라운관은 자주 닦아줍시다.

⑤ 냉장고를 요령있게 사용하면 많은 에너지를 절약할 수 있습니다.

냉장고를 가스렌지 등 불이 있는 취사도구 바로 옆에 설치하지 맙시다. 훨씬 열효율이 나빠집니다. 겨울에는 냉장고의 온도를 낮춥시다. 냉장고 등의 가전제품을 살 때는 에너지 효율을 보고 삽시다. 에너지 효율이 좋은 모델은 나쁜 모델에 비해 1년에 30파운드(약 4만2천원)의 전기료가 차이난다고 합니다.

냉장고 내부가 너무 꽉 차게 음식을 넣지 맙시다. 냉잔고내의 공기 순환이 잘 안되면 냉장기능이 제대로 발휘되지 않면서 전력만 낭비됩니다. 그러므로 냉장고 크기의 60~70% 정도만 채우도록 합시다. 뜨거운 것은 식혀서 넣읍시다.

냉장고문은 재빨리 여닫읍시다. 냉장고문을 오래 열어 놓은 채

로 물건을 꺼내거나 하면 바깥공기가 들어가 냉장고의 전력을 낭비
하게 됩니다.

⑥ 에어콘은 에너지를 많이 쓰는 전기제품입니다.

에어콘 1대의 전기 소모량이 선풍기 30대를 켜놓은 것과 같다고
합니다. 그러므로 에어콘보다는 선풍기를, 선풍기보다는 부채를 사
용합시다.

아울러 냉방은 1도 높게, 난방은 1도 낮게 합시다.

밖의 온도와 실내온도 차이는 5도내로 유지하는 것이 좋다고 합
니다. 여름에는 26~28℃, 겨울에는 18~20℃ 정도가 적당하다
고 하니 유의합시다. 특히 겨울철에는 두꺼운 커텐을 이용하여 실
내온도를 높이는 것도 하나의 방법일 것입니다.

⑦ 보일러 청소를 자주 하여 열효율을 높입시다.

가스보일러는 2년에 한 번씩, 기름이나 연탄보일러는 1년에 한
번씩 청소하여 줍시다. 보일러가 더러우면 난방이 잘 안됩니다.

⑧ 주택을 단열합시다.

천장이나 벽 등을 단열하면 단열 전에 비해 연료비가 50% 이상 절약됩니다.

⑨ 전기밥솥보다는 압력솥을 이용하여 밥을 지읍시다.

⑩ 전기를 절약하는 다림질을 합시다.

옷을 살 때는 가급적 다림질이 필요 없는 제품을 선택하여 삽시다. 다림질 할 옷은 모았다가 한꺼번에 다립시다.

⑪ 피크타임을 피해서 전기를 사용합시다.

오후 2~3시경이나 밤 10시경은 가장 많이 쓰는 시간대(피크타임)입니다. 그러므로 가능하면 피크타임을 피해 전기를 사용합시다.

7

환|경|운|동|을|합|시|다

주부들의 실천

1. 주부의 힘을 자각합시다.

1. 환경을 생각하는 새로운 생활모습을 가집시다.

1. 환경문제를 공부합시다.

1. 주변의 환경문제에 관심을 가집시다.

1. 정부의 환경정책에 주부들의 의견을 보탭시다.

1. 환경, 여성운동단체에 가입합시다.

주부의 힘을 자각합시다

우리는 여태까지 각종 환경오염의 실상과 그 문제를 해결할 실천 방법에 대해 주부의 입장에서 알아보았습니다. 그러나 이 모든 것을 안다해도 행하지 않으면 아무 소용이 없을 것입니다. 무엇보다도 주부 스스로 환경을 지키는 일꾼이요, 지역살림의 주체로 서야 합니다.

1. 환경을 지키는 파수꾼 주부

주부들은 보통 직업난에 '무직'이라고 씁니다. 이것은 자신이 아무 일도 안하고 노는 사람이라는 무의식적인 생각에서 나온 것일 것입니다. 그러나 우리 사회에서 직장에 나가 일하는 사람 못지 않게 바쁜 사람이 주부임은 주부 스스로는 말할 것도 없고 조금만 살펴보면 모두 동의할 것입니다.

이는 첫째, 주부가 아이를 낳아 길러 세대를 이어주는 생명을 생산하기 때문이요, 둘째, 생산적인 노동에 종사하는 사람들이 제대로 생산을 할 수 있도록 하는 역할인 가사노동, 즉 재생산노동을 하기 때문입니다. 유럽 어느 나라에선가 주부들의 가사노동을 돈으로 환원한 결과 GNP의 33%에 해당했다고 합니다.

그러므로 우리 사회에서 주부의 역할은 무시되어서도 낮게 평가되어서도 안되는 매우 중요한 노동종사자일 뿐만 아니라 어느 누구보다도 생활을 바르게 꾸며갈 수 있는 전문가들입니다. 왜냐하면 일상적인 삶에 가장 밀접해 있기 때문입니다. 그러므로 올바른 환경을 창조해 낼 수 있는 열쇠는 바로 우리 주부들이 쥐고 있다고 할 수 있습니다.

주부들의 잠재력과 그 역할이 아무리 중요하다 해도 스스로 아무 일도 할 수 없다고 생각한다면 소용이 없겠지요?

그러나 실제로 주부들의 마음은 어떠합니까? 자신들의 사회적 위

치를 스스로 낮게 평가합니다. 내 가족을 위해 무언가를 열심히 챙기는 것 외에 사회적인 문제에 관심을 갖는 것은 자신이 할 일이 아니고 누군가 다른 사람이 해야 할 일이라고 생각하는 사람도 많습니다.

그러나 이제 바뀌어야 하겠습니다. 한 여성학자는 말했습니다. 여태까지 남성들이 주도해서 이끌어온 사회는 전쟁과 환경파괴, 빈부격차로 얼룩져 왔다. 이제 생명을 다루고 그의 소중함을 아는 여성들이 나서서 세상을 살리는 일(주부들이 하는 살림은 '살리는 일'이라는 뜻)에 앞장서야 한다고. 이제 우리 여성들이 나서 환경을 지키는 파수꾼 노릇을 해야 하겠습니다.

우선 가까이 사는 이웃에서부터 시작하여 나아가 부녀회나 반, 통 단위로 환경을 지키기 위한 실천을 시작합시다. 살펴보면 가까이에 환경을 살리려는 여러가지 일을 하는 곳이 많습니다.

또한 환경문제는 개인이 할 수 있는 일도 많지만 국가나 물건을 생산하는 기업들이 해야 할 일은 더욱 많이 있습니다. 그러면 이러한 일들은 그냥 국가나 기업이 해줄 때까지 손놓고 기다려야 할까요? 그렇지 않습니다. 우리가 나서서 개선하고 바꾸어나가지 않으면 환경을 생각하는 정책은 미루어지고 맙니다. 환경을 무시하고도 개발은 할 수 있고 여태까지 그렇게 해 왔기 때문입니다. 그러나 그 대가는 누가 치릅니까? 바로 우리의 가족이 치루는 것입니다.

그러므로 환경을 위한 우리의 실천은 국가적인 정책, 기업에 대한 감시를 병행하지 않으면 효과를 거두기 어렵습니다. 가정에서 합성세제를 아무리 안써도 기업에서 몰래 폐수를 버리면 물은 더러워집니다. 아무리 열심히 분리배출을 해도 쓰레기를 치워갈 때 분리수거하지 않으면 우리의 노력은 소용이 없게 됩니다. 그러므로 우리는 정부의 환경정책을 우선 감시해야 하겠습니다. 그 방법으로는 정부의 환경정책을 꼼꼼히 살펴봅시다. 특히 보사위원회의 활동 중 환경부 관계업무를 잘 봅시다. 환경정책에 관계되는 의견이 있거나 고쳐져야 한다고 생각되는 점이 있으면 각 해당부서에 편지와 전화를 합시다. 지역의 환경문제는 지방의회에 적극 청원합시다. 환경영향평가의 문제점을 보강하도록 요구합시다.

다음으로 기업의 환경정책을 감시해야겠습니다. 환경을 살리겠

다는 공약을 잘 안지키거나 환경오염을 일으키는 기업의 물건을 사지 맙시다(불매운동). 그리고 환경오염을 일으키는 기업의 명단을 작성해 봅시다.

다음은 '상습환경위반업소 제품납부 거부 및 불매운동협의회'에서 작성한 상습환경위반업소 명단입니다.

2. 지역사회의 일꾼인 주부

이같은 감시와 더불어 이제 주부는 자신을 단순히 가사노동자로서만이 아니라 지역사회를 일구는 사람으로 인식해야 하겠습니다. 주부들의 직업에 '지역사회 일꾼'이 하나 더 추가되는 것입니다. 환경을 지키고 새롭고 건전한 생활문화를 창조하는 지역사회의 일꾼, 새시대에 가장 요청되는 우리들의 임무입니다.

이 임무를 잘하기 위한 방법은 우선 지방자치단체의 의회방청부터 시작합시다. 우리 지역의 살림은 지방자치단체에서 관할하고 있

상습환경위반업소 명단 (배출＝배출허용기준 초과, 방지＝방지시설 비정상 운영)

업 체 명	대표자	위 반 내 용

●수질분야

업 체 명	대표자	위 반 내 용
충남방적	이준호	92.3.17 배출/개선명령 93.2.18 배출/개선명령 93.6 방지/경고 및 고발
쌍방울	신계균	91.12.13 배출/개선명령 92.2.25(〃) 93.5(〃)
롯데햄·우유	조동래	92.11.14 배출/개선명령 92.12.29(〃) 93.2(〃)
(주)백양	서태원	91.5.14 배출/개선명령 91.6.20(〃) 93.2.19(〃) 93.6(〃)
제일염직공업사	이정하	91.4.30 배출/개선명령 91.5.27 방지/조업정지 91.6.14(〃) 91.10.31(〃) 93.4(〃)
우성화학공업(주)	박경기	92.5.19 배출/개선명령 92.11.7(〃) 92.3.30(〃) 93.9 배출/조업중지
용진섬유(주)	이진형	91.9.24 배출/개선명령 92.12.1(〃) 93.4.22(〃) 93.6 배출/조업정지
신일섬유(주)	고경수	91.12.13 배출/개선명령 92.8.6(〃) 93.6.7(〃) 93.7 배출/조업정지
대구비산염공2단지	김긍호	92.11.11 배출/개선명령 93.4.6(〃) 93.5(〃)
다섬섬유(주)	정승제	92.1.13 배출/개선명령 92.11.17(〃) 93.4(〃)
(주)한국실크단지	양충남	91.10.10 배출/개선명령 92.1.21(〃) 93.3(〃) 93.4(〃)
(주)보광	황국환	93.5.4 배출/개선명령 93.6.8(〃) 93.7(〃)
(주)영신	박상표	91.12.17 배출/개선명령 92.5.23(〃) 93.9(〃)
삼보정밀화학공업(주)	조정희	91.4.10 배출/개선명령 91.12.11(〃) 93.3(〃)
한국호츠카	송홍락	92.4 배출/개선명령 93.1(〃) 93.9(〃)
대진섬유공업사	이무웅	91.1 배출/개선명령 91.8 배출/조업정지 93.4 배출/개선명령

●대기분야

업 체 명	대표자	위 반 내 용
새한미디어(주)	한형수	91.6.17 배출/개선명령 92.12.23(〃) 93.2.11(〃) 93.7.12(〃)
전일제지(주)	이문구	92.6.22 배출/개선명령 92.9.3(〃) 92.10.11(〃) 93.1 배출/조업정지 93.3 배출/개선명령
온양펄프(주)	김우식	92.11.27 배출/개선명령 93.4.27 배출/고발경고 93.9 배출/개선명령

습니다. 지방자치단체에서 과연 살림을 잘하고 있나 못하고 있는가 하는 감시는 의회에서 하기 때문입니다. 의회방청을 통해 지역사정을 파악하고 꼭 필요한 사안은 지방의회에 청원하거나 조례제정을 요구합시다.

나아가 앞으로 지역에서 일어나는 문제에 더 많은 관심과 기여를 하기 위해 주부들은 구의회를 포함한 지역정치에 뛰어들어야 하겠습니다. 지난번 구의회 선거에서 많은 여성들이 환경문제를 내걸고 당선되었습니다. 환경운동을 쭉 해온 사람, 지역의 문제해결에 열심히 참여해온 사람, 환경을 살리겠다는 공약을 내건 여성들이 그들입니다.

한편 지방의회에서 구의원 등으로 활동하지 않아도 지역문제해결에 적극 나서면 많은 일을 우리 주부들은 할 수 있습니다. 예를 들어 부천시 여성들은 담배 자동판매기 철거 및 설치를 못하도록 하는 조례를 제정하게 만들었습니다.

부천의 주부들은 YMCA를 중심으로 지역문제를 열심히 고민해왔었습니다. "작은 것을 실천하여 큰 것과 연결시키자"는 취지아래 수은건전지 회수운동부터 시작하던중 아이들 학교주변의 위해 환경이 심각하다는 것을 발견했습니다. 대표적인 것이 바로 중·고 생들의 흡연이었지요.

1989년 부천 YMCA 청소년 상담실이 부천시내 남녀 고등학생 581명을 대상으로 청소년들의 흡연실태를 조사한 결과 51%인 289 명이 흡연을 해본 적이 있는 것으로 나타나 학생 2명 중 1명이 흡 연경험자라는 놀라운 결과를 보여주었습니다. 더욱이 청소년들에 게 있어 흡연의 의미는 단순한 흡연으로 그치지 않고 또 다른 결과, 즉 음주, 본드와 가스흡입, 마약 등 약물남용으로 이어질 소지가 크 고 이는 다시 제반 청소년 문제인 폭력, 방화, 강도, 성범죄, 절도 등으로 옮겨질 확률이 적지 않습니다.

이에 부천 YMCA는 청소년들이 담배구입의 편리함과 익명성으 로 인해 가두에 설치된 담배자동판매기를 주로 이용하고 있다고 판 단해서(조사결과 미성년자의 자판기 사용률이 전체의 23.6%로 나 타남) 부천지역에서 만큼은 담배자동판매기를 없애버리자는 운동 을 벌이게 되었습니다. 그에 따라 의회에 담배자판기 설치 금지 조례를 제정하도록 하는 운동을 벌이게 된 것입니다.

이 주부들은 지도를 들고 동네별로 학교주변의 자판기 이용실태를 조사하고, 서명운동을 벌였으며 시의원들에게 조례제정협조 엽서쓰기, 관계부처에 공문보내기, 가두서명 등을 열심히 하였습니다. 그리고 조직을 더욱 넓혀 "담배자판기 철거 및 설치금지 조례 제정을 위한 학부모 모임"을 만들었습니다.

91년부터 시작된 이 운동은 주부들과 청년, 아버지모임, 의정지기단, 생활협동모임 등이 하나되어 추진하여 결국 92년 7월 부천시 임시의회에서 "담배자판기 설치금지 조례" 제정을 만장일치로 통과시킴으로써 부천시에서는 담배자판기가 자취를 감추게 만드는 좋은 결과를 얻게 된 것입니다.

환경을 생각하는 생활모습으로 바꿉시다

1. 환경을 생각하면 삶의 모습이 바뀝니다

① 이웃을 생각하는 공동체적 삶을 삽시다.

환경을 생각하면 이웃을 생각해야 합니다. 내가 더럽힌 주변 환경이 바로 내집으로 다시 되돌아오고 따라서 내가 하는 실천 하나는 바로 우리 이웃에게 모두 돌아가기 때문입니다.

특히 환경은 복구하는 데 많은 시간과 노력이 듭니다. 어느 한 개인의 노력만 가지고는 살아나지도 않습니다. 그러므로 환경을 위해선 나 자신만이 아니라 이웃을 생각하고 합동하며 서로 아끼는 공동체적인 마음을 가져야 합니다.

② 평등을 생각하는 삶을 삽시다.

보통 나쁜 환경의 피해는 생활수준이 낮은 사람들이 가장 많이 받는다고 합니다. 공기가 나쁜 곳은 땅값이 싸니까 집을 장만할 수 없는 서민들이 살 수밖에 없는데 돈 있는 사람들은 산 가까이 고급 주택지에서 전원을 즐기며 삽니다. 먹거리가 오염되었다고 자기가 갖고 있는 주말농장에서 농약을 치지 않은 채소를 직송해 먹는 사람들이 있는가 하면 값싼 채소를 구하기 위해 버스 두세 정거장도 마다 않고 걸어 농약 범벅의 중국산 채소를 알뜰시장에서 사다 먹는 사람도 있습니다.

그러므로 환경을 생각하고 실천할 때 생활이 어려운 빈민이나 서민들의 아픔까지 같이 할 수 있는 방향으로 나아가야 하겠습니다. 즉 환경실천을 선택할 때도 빈부의 격차 없이 모두 쾌적한 환경의 혜택을 같이 누리는 방향에서 생각하자는 것입니다.

③ 후손들을 생각하는 삶을 삽시다.

환경학자들은 '지속가능한 사회'를 이야기합니다. 인류의 각 세대가 미래세대의 필요를 충족시킬 수 있는 토대를 손상시키지 않고 그들의 필요를 해결하여 앞으로도 계속 지속될 수 있는 사회를 만들자는 것입니다.

즉 개발만을 최고로 삼는 것이 아니라 생태계와 자연보호, 자원 재활용의 관점을 가지고 환경을 보존하는 방향에서 개발을 하자는 것이지요. 그러므로 환경을 생각하면 후손에게 좋은 환경을 남겨줄 수 있는 기술개발, 정책입안은 어떤 것일까를 생각해야 합니다. 예를 들어 과학기술의 방향이 기업의 이윤을 극대화하는 방향에서 이루어지기보다는 후손에게 좋은 환경을 물려주는 방향(예를 들어 무공해차나 자원재활용되는 소재의 개발 등에 중점을 두어야하는 것이지요.

우리 지구는 후손들에게 잠깐 빌려온 것이니까요.

④ 바른 정치를 생각하는 삶을 삽시다.

이제 지구의 유한한 자원을 아끼고 보존하며 현명하게 사용하는 정치가 이루어지는 곳을 민주화된 사회의 한 요건으로 꼽아야 하겠습니다. 생태계를 고려하고 환경을 생각하는 방향에서 정책을 세우는 정부, 환경에 대한 전망이 있는 정부를 우리 주부들은 선택해야 합니다. 정치권에서의 노력이야말로 가장 효율적이기 때문입니다.

2. 환경을 생각하는 생활모습이란 어떤 것일까요?

① 무분별한 소비를 지양합니다.

"가난한 나라에서나 부유한 나라에서나 사람들이 생각하는 자신의 행복 정도에는 거의 차이가 없다"는 연구나 미국에서 1957년 이후 국민 1인당 소비지출이 2배로 증가 했음에도 불구하고 '매우 행복하다'고 생각하는 집단은 57년 이래 전체 인구의 1/3수준에서 별 변화가 없다는 보고는 모두 물질에 정신을 빼앗기고 사는 오늘날의 우리 생활모습을 되돌아 보게 합니다.

앞으로 50년내에 세계경제는 지금의 5~10배로 팽창하리라는 전망입니다. 이는 곧바로 5~10배의 소비증가로 이어지는데 이같은 소비를 지구가 과연 감당할 수 있을까요?

답은 '아니오' 입니다. 왜냐하면 첫째, 이정도의 소비를 감당할 자원이 없기 때문입니다. 둘째, 이렇게 팽창한 경제규모에서 파생되는 환경오염에 지구가 지탱할 수 없다는 것입니다.

그러므로 현재 남아 있는 지구의 자원을 아끼고 보호해서 후손에게 남겨줄 생각은 안하고 무조건 써버리는 데 급급하다면 앞으로 지구의 운명은 어떻게 될까요?

때문에 이제 지구인들 사이에서는 자원을 낭비하는 생산방식과 생활태도에 대한 경고의 목소리가 높아지고 있습니다.

자원을 낭비하는 생활태도 중 대표적인 것이 '무분별한 소비 위주의 생활' 입니다. 특히 현대에 있어서의 소비는 생활의 필요에 의해 되어지는 것도 있지만 그것보다는 소비를 부추기는 일정한 '문화' 에 이끌려 나도 모르게 무분별하게 소비하는 경향이 많다는 것입니다.

이제 우리는 후손을 위해 무분별한 소비를 지양합시다.

자원을 아끼고 소비 위주의 생활을 하지 않기 위해선

첫째, 우리의 전통적인 덕목인 성실성, 정직성, 솜씨 등이 인간 평가의 기준이 되어야지, 개인이 소유한 '돈'이 기준이 되어서는 안되겠습니다.

둘째, '광고'의 문제점을 알고 그에 현혹되지 맙시다.

"미국의 모든 사람들은 TV를 통해 행복이 많은 물질의 소유에서 얻어지는 것처럼 착각하게 된다"는 종교역사가 로버트 벤자의 지적처럼 광고에 속지 말고 진실성이 없는 광고는 엄격히 규제합시다.

셋째, '쇼핑'을 중요한 생활의 문화수단으로 삼지 맙시다.

넷째, 높은 소비를 촉진시키는 정부의 정책을 비판합시다.

그 한 방법으로 기업활동으로 인해서 생기는 자연환경의 파괴에 대한 비용을 국가회계에 반영시키도록 요구합시다. 또 자연훼손으로 인해 생기는 질병에 대해 대책을 마련하도록 요구합시다. 아울러 소비위주의 생활방식을 변화시킬수 있는 노력을 정부가 적극 전개하도록 요구합시다.

이제 아이들을 위해서라면 자신의 욕구쯤은 쉽게 다스려질 수 있는 여성들의 모성이 절실하게 요구되는 때입니다. 우리 세대의 무책임한 낭비가 다음 세대에게 안겨줄 고통과 혼란을 바로 인식하고 우리 모두 자원을 아끼는 생활과 올바른 소비생활의 틀을 만들어야 하겠습니다.

② 자원재활용의 관점에서 소비를 합니다.

잠시동안의 편리함과 우리 삶의 터전을 바꿀 수는 없겠지요? 한 번쓰고 버리는 일회용품, 과다한 포장 또는 재활용할 수 없는 재질로 포장된 제품을 쓰면 자원의 낭비와 함께 쓰레기로 인한 또다른 환경문제를 일으킵니다. 오래 쓸 수 있는 제품, 수리해서 쓸 수 있는 제품, 쓰고 난 후 재활용이 쉬운 제품, 재생원료로 만든 제품을 골라서 써야 합니다.

③ 환경을 파괴해서 만든 물건을 사지 않습니다.

자연의 생태계에는 균형이 필요합니다. 환경보호를 위해서는 그 균형을 깨뜨리지 않고 생태계의 일부로써 살아가려는 자세와 지혜가 꼭 필요합니다. 예를 들어 동물을 마구 잡아 만든 가죽이나 모피 옷을 사는 것은 그 균형을 깨는 일이 됩니다. 통나무로 지은 집, 원목으로 치장한 실내장식은 삼림을 훼손시키고 생태계를 파괴합니다.

식생활에서 육류의 소비를 줄이는 것도 꼭 필요합니다. 지구는 인간들의 육식을 감당할 수 없습니다. 인간이 먹을 곡식을 심어야 하는 땅에 소를 먹일 목초지를 만들어 일부 사람들이 육식을 하면 더 많은 사람들이 굶주려가고 지구의 더 많은 땅이 황폐해집니다. 육류가 전체 섭취량의 10%를 넘는 것은 개인의 건강에도 좋지 않습니다.

.④ 자녀들에게 환경교육을 합니다

어려서부터 자연을 아끼고 사랑하는 마음을 기르고 자연과 더불어 사는 방법을 배우는 것은 무엇보다도 중요합니다. 요즘은 학교에서도 환경교육을 전보다 많이 하고 있으며 아이들의 환경에 대한 인식도 높아지고 있습니다. 그러나 어릴 때 어머니의 생활모습이 우리 생활 곳곳에 배어 있듯이 실제 아이들의 생활에 무엇보다도 큰 영향을 미치는 것은 부모들의, 특히 어머니의 생활태도 입니다. 그러므로 우리 주부들이 먼저 환경을 생각하는 생활태도를 실천하고 일상생활의 작은 일에서부터 환경교육을 하여 아이들이 스스로 미래의 환경을 지킬 수 있는 마음과 지혜를 갖도록 가르쳐야 하겠습니다.

⑤ 자원과 에너지를 아껴씁니다

자원과 에너지를 낭비할 경우 자원의 고갈이라는 문제점도 있지만 자원의 소비가 환경을 오염시킨다는 점에서 더욱 심각합니다. 목재나 종이를 위해 삼림을 파괴하면 홍수, 사막화, 대기중 산소량 감소의 환경문제로 이어집니다. 에너지의 낭비는 예를 들어 핵폐기물이라는 환경오염을 일으키는 핵발전소로 연결되고, 가장 간단하게는 석유라는 자원을 소비함에 따라 대기오염이 가중되고 온실효과를 일으키게 됩니다. 그러므로 평소부터 자원과 에너지를 아껴씁시다.

운송거리가 짧을수록, 가공정도가 낮을수록, 포장이 적을수록, 천연원료 사용률이 낮고 재생원료 비율이 높을수록 에너지 낭비가 적은 제품입니다.

3. 환경문제에 관심 있는 사람끼리 공부모임을 만듭니다

아무리 환경문제에 관심이 있고 주부 역할에 대해 이해한다고 하더라도 혼자서 할 수 있는 일은 매우 적습니다. 힘을 모으는 것이 아주 중요합니다. 우선 뜻이 맞는 사람들끼리 모여 환경에 대한 공부모임을 시작하는 것이 좋겠습니다.

공부모임은

① 먼저 자기 소개를 합니다.

② 생활주변에서 느꼈던 심각한 환경문제에 관해 이야기를 나누어 봅니다.

③ 각자 흥미 있는 분야에 따라 대기오염, 먹거리오염, 수질오염, 토양오염, 쓰레기오염, 지구환경문제, 핵과 원자력발전문제, 에너지문제, 약과 화장품오염의 문제 등으로 담당 분야를 정합니다.

④ 자기가 맡은 분야에 관해 신문 스크랩을 하고 매 모임 첫머리에 발표합니다. 신문스크랩은 환경에 대해 많은 것을 제공해 줍니다.

⑤ 가장 궁금한 사항부터 시작해서 공부할 순서를 정합니다.

⑥ 환경문제를 공부하기 위한 도움은 환경단체 등을 통해 받을 수 있습니다.

길잡이가 되는 환경도서

- 공해문제와 공해대책 환경과 공해연구회 편 (한길사)
- 환경교육의 길잡이 한국교회환경연구소 (늘벗사)
- 시민을 위한 환경백과 김영숙 외 (현대과학사)
- 식품공해 최병철(역) (한국유기농업보급회)
- 한국의 공해지도 한국공해문제연구소 (일월서각)
- 기업에서 지구를 살리는 50가지 방법 지구를 위한 모임
  (현암사)
- 지구를 구하는 1001가지 방법 베네데트 밸러리 (수문출판사)
- 어린이가 지구를 살리는 50가지 방법 지구를 위한 모임
  (현암사)
- 핵무기는 가라 피터 헤이스 외 (민중사)
- 핵발전소와 인류 다케타니 미쓰오 (광주출판사)
- 지구환경보고서 90년, 91년, 92년 레스터 브라운 외 (따님)
- 알기쉬운 공해추방상식 가톨릭 정의연구소 (성바오로출판사)
- 부엌에서 세계가 보인다 佐藤慶幸 (앎과 함)
- 몬드라곤에서 배우자 W. F. 화이트 (나라사랑)
- 전국 YMCA가 함께 전개하는 환경보전생활실천지침
  (대한 YMCA 연맹)
- 지구야 난 네가 좋아(1), (2) 김상종 외 (서강출판사)
- 하나뿐인 지구 신영식 (푸른산)
- 행복은 자전거를 타고 온다 이반일리치 (형성사)
- 불꽃 이정창 (실천문학사)
- 바다로부터의 긴 이별 이남희 (풀빛)
- 이화에 월백하거든 김수용 (현암사)

환경비디오목록(대한 YMCA연맹 소장)

제 목	제작	제작년도	시간	내 용
연중기획-하나뿐인 지구, 하나뿐인 한반도	KBS	91	65분	환경 및 생태계
환경보전의 경제과제	EBS	92	40분	〃
석학에게 듣는다-지구촌의 환경문제	EBS	93	40분	〃
환경을 지킵시다(5)-물은 생명이다	KBS	91	90분	수질오염
환경특집-제주인의 생명, 지하수	KBS	91	50분	〃
레이다11 : 좋은 물 좀 먹읍시다	MBC	84	50분	〃
공장폐수	EBS	93	30분	〃
상수원과 축산폐수	EBS	93	30분	〃
생활하수	EBS	93	30분	〃
MBC리포트 : 온산공단 공해	MBC	90	60분	중금속오염
환경을 지킵시다(3)-중증, 바다오염	KBS	91	60분	해양오염
환경을 지킵시다(1)-대기오염	KBS	91	85분	대기오염
MBC리포트 : 휘청거리는 자동차	MBC		60분	〃
실내공기오염	EBS	93	30분	〃
환경기획 : 쓰레기 줄여야 한다	KBS	91	50분	쓰레기오염
나누어 버려야 할 쓰레기	EBS	93	20분	〃
MBC리포트 : 수입과일 안전한가	MBC	89	60분	토양오염/먹거리오염
공해 이대로 둘 수 없다 : 안전한 식품	MBC	90	60분	〃
골프장의 생태계	EBS	93	30분	생태계오염
농촌의 생태계	EBS	93	30분	〃
도시잔존 녹지대와 생태계	EBS	93	30분	〃
산성비	EBS	93	30분	지구촌오염
오존층 파괴와 지구온난화	EBS	93	30분	〃
주방에서 시작되는 작은 혁명	EBS	93	20분	환경보존생활실천
환경을 지킵시다-공해와 싸우는 사람들	KBS	91	88분	〃
세계의 살림운동(1)-일본의 먹거리운동	한살림모임		120분	〃
세계의 살림운동(2)-스페인 몬드라곤에서의 실험	한살림모임		50분	〃

주변의 환경에 대해 관심을 가지고 조사해 봅시다

주부의 힘을 자각하고 환경에 대해 어느 정도 공부한 후엔 이제 주변환경에 대해 관심을 가지고 조사해 봅시다.

1. 집주변의 오염원을 조사해 봅시다

주변에 공해유발요인은 없는지, 있다면 공해방지시설은 제대로 되어 있는지를 조사합시다. 예를 들어 하천의 오염은 없는지? 공원이나 녹지대의 훼손은 없는지? 냄새나 악취가 나지는 않는지, 소음·진동이 심하지는 않는지, 주변에 쓰레기 대형배출업소는 없는지 등입니다. 만일 이같은 오염원을 발견했을 때는 각 구청, 동사무소 환경담당자에게 신고합시다. 그리고 도움이 필요한 경우 환경단체에 문의 상담을 합시다.

2. 아이들 학교의 환경에 관심을 가집시다

주변의 환경이 좋지 못하다 보면 우리 자라나는 새싹들의 학교환경도 따라서 좋지 않게 됩니다. 어머니회 안건으로 '학교주변의 환경오염을 방지할 수 있는 실천'을 채택해보면 어떨까요?

교육재정이 취약한 우리나라에서는 새 아파트 단지를 건설할 때도 노른자 땅은 상가, 백화점, 병원 등이 들어서고 학교는 비교적 주변환경이 나쁜 곳에 생기게 된다고 합니다. 심지어 공단지역에 있는 학교에서는 공해 때문에 선생님들의 근무연한을 3년으로 줄이기도 한다고 합니다(평균 근무연한은 4년).

우리들의 귀한 자녀가 한창 왕성하게 자라나는 시기에 각종 공해로 찌들어서야 되겠습니까? 우선 고쳐나갈 수 있는 학교 주변의 환경부터 개선하도록 어머니들이 나서야 하겠습니다.

그 방법으로는 우선 조사모임을 구성합니다.
한 모임당 4~5명씩 구성하여 학교 주변의 환경실태를 조사해 나

갑니다.

수질조사반 : 학교의 상수원을 오염시킬 수 있는 공장이나 시설물들은 없는지, 있다면 폐수 배출시설이 잘 되어 있는지, 학교의 식수상황은 양호한지?

대기조사반 : 주변에 매연, 먼지 등 대기오염을 일으키는 곳은 없는지? 특히 유독성 대기오염물질을 뿜어내는 곳은 없는지?

소음조사반 : 소음을 일으키는 공사장 등이 주변에 없는지? 있다면 소음차단장치는 제대로 되어 있는지?

학교내의 환경조사반 : 아직도 많은 학교가 조개탄 등으로 난방을 하여 실내 공기오염이 심각하다고 합니다. 학교내의 환경에 문제가 없는지 살펴봅시다.

이렇게 조사해온 내용 중 가장 심각한 오염을 정합니다. 다음으로 오염원의 제거를 위해 어떤 방법이 있는지 토의합니다. 그 후엔 학부모 차원에서 관계기관(예를 들어 구청, 환경부)에 건의할 것은 직접 건의하고 학부모들이 나서서 고칠 수 있는 것은 실천에 옮겨 봅시다. 그리고 어려운 점은 학교나 해당 교육구청에 상담하고 건의해 봅니다.

실제로 경기도내 38개 각급 학교가 도로 또는 철도변에 위치, 소음공해가 심해 공해방지시설의 설치가 시급한 것으로 지적된 적이 있습니다. 경기도 교육청은 1993년 10월 15일 도내 초·중·고교 중 소음기준치(65dB)를 초과하는 학교는 국교 24개교, 중학교 9개교, 고교 5개교 등 12개 시, 군 38개교에 이르고 있다고 조사결과를 밝혔습니다.

광명시의 경우 광덕국교(83dB), 가람국교(81dB), 광남중(78dB) 등 국교 7개교, 중학교 9개교 등 도로변의 9개교가 소음기준치를 초과하고 있고 양평군에서는 삼산국교(83dB), 양동중(84dB), 양평종고(70dB) 등 국교 4개교, 중·고교 각 2개교 등 중앙선 철로변에 있는 8개교가 소음학교로 지정되었던 것입니다. 이런 문제를 해결하기 위해 우리 주부들이 힘을 합쳐야 하겠습니다.

정부의 환경정책을 살펴보는 것도
중요한 환경운동입니다

국가는 환경오염과 그 위해를 예방하고 환경을 적정하게 관리, 보전하기 위하여 국가환경보전계획을 수립, 시행할 책무가 있고, 지방자치단체는 관할지역의 특성을 고려하여 지역환경보전계획을 수립, 시행할 책무가 있습니다. 중앙정부 중에서는 환경부가 주 담당 부서입니다(환경정책기본법 제4조, 국가 및 지방자치단체의 책무).

또한 모든 국민은 건강하고 쾌적한 환경에서 생활할 권리를 가지며 국가 및 지방자치단체의 환경보전 시책에 협력하고 환경보전을 위해 노력하여야 할 의무가 있습니다(위 법 제6조). 그리고 환경정책 전반에 대한 일차적 책임은 환경부에 있으므로 환경부의 활동을 잘 살펴보고, 성원과 감시를 해야 합니다.

우리 생활과 밀접히 관련 있는 것 중에 환경부 이외의 부서에서도 환경관계 업무를 담당하는 곳이 많습니다.

복잡한 정부부처의 소관업무 때문에 환경부 외에 환경관계 업무가 다른 부서와도 연관되어 있기 때문입니다. 이를 우리 생활과 밀접한 업무를 중심으로 살펴 봅시다.

환경운동, 여성운동 단체에 가입합시다

혼자서 하는 실천은 한계가 있고 효과도 적습니다. 좀 더 적극적으로 환경운동을 하고 싶다면 환경문제에 대해 보다 먼저 고민을 시작해 온 환경단체, 그리고 여성들의 사회적 역할에 많은 노력을 기울여 온 여성단체의 문을 두드리는 일이 필요합니다. 시간이 허락하면 회원이 되서 적극 활동하는 것이 좋지만 여력이 없는 경우 자료를 받아본다거나 시간이 허락하는 대로 교육에 참가한다거나, 아니면 후원회원으로 얼마씩의 경제적 도움을 주는 것도 큰 환경운동이 됩니다.

환경단체 소개

1. 건강사회를 위한 약사회

소재지 : 서울   전화 : 02-523-9753   회원수 : 600명

주요활동 : 약사들이 회원으로서 민주적인 보건제도의 수립과 생활보건운동을 위해서 활동하고 있다. 민간요법 활성화운동과 각 약국에 폐수은 건전지 수거함을 비치해놓고 수거운동을 하고 있다.

2. 골프장 반대 경기도 대책위원회

소재지 : 경기도 포천 전화 : 0357-536-4241 회원수 : 1,000명

주요활동 : 경기도에서 추진되고 있는 골프장 건설에 맞서 경기도내 각 지역 주민대책위원회가 공동으로 만든 단체

3. 광주환경운동연합

소재지 : 광주   전화 : 062-228-4249

회원수 : 200여명의 개인과 10여개 단체회원

주요활동 : 핵발전소와 핵폐기장 건설 반대운동, 상담활동, 교육·홍보활동 등 광주전남지역의 공해문제 해결을 위해 노력

4. 낙동강살리기운동협의회

소재지 : 대구시   전화 : 053-255-7973

회원수 : 개인 584명과 49개 단체

정기간행물 : 페놀사태 자료집

주요활동 : 대구지역 생명천인 낙동강 소생을 위해 노력하고 있음.

5. 소비자문제를 연구하는 시민의 모임

소재지 : 서울   전화 : 02- 739-5441, 5530

주요활동 : 소비자 주권의 확립을 위해 소비자교육, 소비자문제의 조사연구, 상품테스트 및 실량검사, 법률상담, 국제연계활동 등을 함.

6. 소비자 보호단체협의회

소재지 : 서울 전화 : 02-793-8081, 790-4050 회원 : 10개 단체

주요활동 : 소비자의 권익을 보호하기 위해 소비자보호활동을 하고 있는 단체를 결합하여 활동함.

7. 소비자협동조합중앙회

소재지 : 서울   전화 : 02-335-3261, 338-8622

회원 : 74개 조합 10만명

주요활동 : 소비자협동조직의 발전을 촉진하고 상호간 협력을 도모하기 위해 설립.

8. 인도주의 실천의사협의회

소재지 : 서울   전화 : 02-362-0377   회원 : 920명

주요활동 : 인도주의에 입각한 의사상의 확립과 국민의 건강권을 위한 양심과 사회적 책임을 다하며 건전한 민주복지사회발전에 기여하려는 취지로 의사들이 만든 단체.

9. 정농회

소재지 : 서울   전화 : 02-518-2154   회원 : 400명

주요활동 : 무농약 유기농법과 공동체운동을 함.

10. 참된의료실현을 위한 청년한의사회

소재지 : 서울   전화 : 02-631-1003   회원 : 200명

주요활동 : 민중의학인 한의학의 대중화와 국민의 건강권 확보를 위한 보건정책을 개발하는 데 노력하고 있음.

11. 청년 YMCA생활환경위원회

소재지 : 서울   전화 : 02-732-8291   회원 : 15명

주요활동 : 청년들을 중심으로 환경운동을 하고 있음.

12. 푸른평화운동본부

소재지 : 대구시   전화 : 053-634-5548   회원 : 800명

주요활동 : 천주교인들이 중심이 되어 유기농산물 직거래운동 등 생활실천운동을 하고 있음.

13. 한강살리기 시민운동연합

소재지 : 서울   전화 : 02-456-8230

주요활동 : 한강을 살리기 위해 노력

14. 한국교회환경연구소

소재지 : 서울   전화 : 02- 741 - 0094   회원 : 800명

주요활동 : 각종 환경문제에 대한 연구와 출판사업, 교회환경운동의 지원, 반전, 반핵운동이 중심.

15. 한국유기농업환경연구회

소재지 : 서울   전화 : 02-406-4462   회원 : 1만 2,738명

주요활동 : 유기농업에 대한 연구, 보급과 함께 유기농산물 직판장터도 운영함.

16. 한국여성민우회

소재지 : 서울   전화 : 02-269-5763~5

회원 : 생협회원 포함 1,800명

주요활동 : 사무직여성, 주부들의 권익보호와 유기농산물 직거래운동을 함.

17. 한살림공동체 소비자협동조합

소재지 : 서울 전화 : 02-573-0614 회원 : 6,897세대

주요활동 : 농산물직거래운동, 생활공동체운동, 살림운동을 함.

18. 환경보전대전시민연합

소재지 : 대전 전화 : 042-254-7599 회원 : 8개 시민단체

주요활동 : 대전 일원의 환경보존을 위해 활동.

19. 환경운동연합

소재지 : 서울 전화 : 02-735-7000

주요활동 : 민간환경운동을 한 차원 높여야 한다는 취지에서 8개 환경운동단체가 만든 연합체.

8

일|하|기|힘|들|지|만|보|람|느|껴|요

── 부녀회장 좌담회 ──

일 시 : 1993년 12월 12일

장 소 : 한국여성민우회 노원-도봉지역협의회 사무실

참석자 : 김형순(도봉구 방학 3동 벽산 1차아파트 부녀회장)

　　　　오은미(도봉구 방학 3동 우성 1차아파트 부녀회장)

　　　　변재영(도봉구 방학 3동 우성 2차 아파트 부녀회장)

　　　　강명희(노원구 하계 2동 극동 건영벽산아파트 부녀회장)

　　　　김민경(노원구 상계 10동 대림아파트 전 부녀회장)

사 회 : 권미혁(한국여성민우회 노원-도봉지역협의회 운영위원)

정 리 : 박범이(한국여성민우회 노원-도봉지역협의회 운영위원)

지역소개

사회자　바쁘신데 이렇게 모여주셔서 감사합니다. 오늘은 날로 심각해지고 있는 환경문제를 해결하기 위해 주부들이 생활 속에서 어떤 실천을 하고 있는가를 알아보기 위해 여러분을 모셨습니다. 여기 모이신 분들이 전부 부녀회장님들이신데요. 특히 부녀회장님들을 모신 것은 주부들이 가장 많이 활동하고 있는 공간 중 하나가 부녀회이기 때문입니다.

우선 자기 소개 좀 해주십시오.

김형순　저는 노원구 방학 3동 벽산1차 아파트에 삽니다. 저희 아파트는 489세대, 4개동이구요. 91년부터 3대째 부녀회장을 맡고 있습니다. 부녀회 임원은 모두 12명입니다.

오은미　저는 2년 전 방학 3동 우성1차 아파트로 입주했구요. 올 들어 부녀회장을 맡았습니다. 저희 부녀회는 회장의 임기가 1년입니다. 아파트는 658세대 8개동이구요.

강명희　저는 하계 2동 극동아파트 부녀회장입니다. 저희는 1,980세대 12개동입니다. 88년부터 부녀회장을 했구요. 임원이 12명 있습니다.

변재영　방학 3동 우성2차 아파트 부녀회장이구요. 저희는 588세대입니다.

김민경　저는 상계10동 대림아파트에 살고요. 부녀회장은 아니구 작년에 부녀회 임원이었어요.

쓰레기 분리수거 활동

사회자　노원구나 도봉구 지역이 아파트촌이라 그런지 아파트 부녀회장님들만 참석하셨군요. 아무래도 부녀회에서 제일 많이 하는 활동이 쓰레기 분리수거죠? 우선 이 부분부터 중점적으로 이야기 해보지요. 원래는 분리배출이라는 표현이 맞는데요. 보통 많이들 분리수거라고 하니

권미혁

까 오늘은 분리수거라는 말을 쓰죠. 그러나 엄격한 의미에서 보면 주부들은 분리해서 배출을 하고 시에서 분리수거를 해가는 것이지요.

김형순　저는 지금 3년째 부녀회장을 하고 있는데요….

사회자　장기집권이시네요. 역량이 있으신가봐요(모두 웃음).

김형순　어쩌다보니 그렇게 됐어요. 저희는 처음부터 쓰레기 분리배출을 했어요. 좀 빨리 시작한 셈이죠. 쌍문동 삼익세라믹 회장님이 처음 시작할 때 저희도 시작했는데 분리수거를 잘하고 있는 부평으로 견학가면서 구청 선발대로 다녀오고 여러 곳에 견학도 갔었습니다.

사회자　빨리 시작한 만큼 힘도 많이 드셨겠어요.

김형순　처음에 시작할 때는 참 힘들었어요. 하다못해 우리 집에 쓰레기 더미가 쌓일 정도로요. 왜 분리하느냐, 부녀회장 혼자서 다 해라 등 말이 많더라구요.

동사무소에서는 너무 힘들면 통장님 위주로 하고 부녀회는 빠지라고 하더군요. 그렇지만 부녀회가 뭐에요. 그죠. 그냥 봉사직으로 우리라도 시작을 하자고 임원들을 설득했어요.

처음 6개월 동안은 저 혼자서 하다가 이래선 안되겠다 싶어서 벌

강명회

금제도를 했어요. 한층에 5,000원씩. 그랬더니 어떤 사람이 동사무소에 연락해서 그 법을 누가 만들었냐고 따지더군요.

그리고 돈들도 많아요. 5,000원씩 휙 던지고 그냥 가버리는 사람도 많더군요. 정말 힘들었죠. 걷은 돈은 나머지 나와서 수고한 사람들의 점심값으로 썼습니다. 5,000원씩 하니까 잘 안나와서 다음에는 만원으로 올렸어요.

그런데도 일부에서 청소하는 아줌마들 중에 시간이 나는 사람들에게 분리수거를 시키자고 불평을 했어요. 다른 아파트들은 그렇게들 한다는거죠. 그래서 반상회에 부쳐서 그렇게 하기로 했어요.

그래서 시범으로 청소하는 아주머니들에게 시켜 봤어요. 이 아주머니들이 힘들다보니 값어치 나가는 것만 묶고 나머지는 그냥 쓰레기 통에 버려요.

사회자 값어치나가는 거라면 예를 들어….

김형순 박스하고 병 같은 거죠. 이런 사정을 말로 해도 누가 이해를 해주겠어요. 그래서 부녀회 임원들 중에 한 분이 이런 현실을 사진으로 다 찍었어요. 그리고선 총반상회… 저희 아파트는 하나 좋은 게 동대표회의할 때 통반장을 항상 전부 불러요. 거기서 다 얘기를 한거죠. 그러니까 더이상 할 말이 없게 된거죠.

지금은 불만이 있더라도 자기층이 되면 모두 나와 열심히 해요. 다른 곳을 가더라도 그 날짜 되면 딱 온다는 거. 벌금 만원을 받은 것은 수고한 사람들 식용유도 사주고 해요.

그 때문에 지금은 시범아파트가 되었습니다. 동장님들이 방학 3동에서 제일 깨끗하다고 그래요. 또 재활용품 중에 옷을 모아 3곳에 보내주고 있어요.

화곡동에 있는 '아브라함의 집'이라는 곳인데요. 죄수들이 감옥소에서 나온 죄수 중에서 갈 곳이 없는 사람들을 자립할 때까지 돌봐주는 곳인데 걸레감이라도 괜찮으니 달라고 하더라구요.

김민경

오은미　저희는 입주한 지가 1년 됐어요. 작년 동사무소에서 분리수거를 하라고 권유했다고 해요. 사실 강압적인 셈이죠(모두 웃음). 그런데 다른 아파트는 부녀회가 열심히 동사무소 회의에 참석하고 했는데 저희는 조금 잘 안했던가봐요. 그래서 분리수거를 통장단에서 관리하고 있었어요.

제가 부녀회장이 된 것이 올해 1993월 말이기 때문에 저희는 잘된 모범사례를 말씀드리기는 곤란하고 장점과 단점 정도만 말씀드릴께요.

제가 처음에 부녀회장이 된 후에 대부분 부녀회에서 분리수거를 담당하니까 통장단에게 "저희가 관리를 해볼까요?"하고 말씀을 드렸어요. 그랬더니 어떤 반응이었나 하면 "일하랄 때는 안하고 새 부녀회장이 들어서더니 돈 욕심이 나느냐"하는 반응이었어요.

그래서 저야 잘됐죠(모두 웃음). 정 그러시다면 할 수 없네요, 열심히 하세요 하고선 그냥 나왔어요. 그런데 왜 이런 반응인가 봤더니 재활용품을 팔면 돈이 생기잖아요(모두 고개 끄떡). 아마 그 돈으로 어떤 곳은 경비 아저씨들 떡값도 주고 했던 것 같아요.

저희는 통마다 분리수거를 각각 관리하고 있어요. 그러니까 어떤 곳은 아까 말씀드린 것처럼 반상회비 대신 썼다는 동도 있고 어떤 동은 아파트 단지를 위해 써보려고 모았다는 동도 있고 해서 각각

김형순

이에요. 쓰레기 판 돈의 관리가 각각인 셈이죠.

하지만 장점도 있어요. 그렇게 분리수거의 책임이 반상회로 돌아간 곳은 한 푼이라도 더 벌려고 악착스럽게 정리를 한다는 거(모두 웃음). 하지만 반상회로 안돌아간 곳은 그다지 성의 있게 하지 않더라구요.

또 동규모가 다르니까 평수가 좀 큰 동은 쓰레기가 많이 나오는 등 각 아파트 동마다 시새움이 생기고 하는 것은 폐단인 것 같아요.

사회자 대체적으로 재활용쓰레기를 팔면 연 수익금이 얼마나 됩니까?

오은미 저희 같은 경우 658세대면 1년이면 100여만원 되는 걸로 알고 있어요. 대충 잡아서 그런거죠. 하는 양에 따라 다른데 착실히 하면 150만원 정도도 될 거에요. 4개통이니까 1개통에 한 달에 3만원 잡고 거의 100~200만원 정도는 되죠.

김형순 요즘 좀 재활용비가 떨어졌어요. 그래도 그 정도는 돼요. 이사철까지 합치니까 그 정도 되죠.

사회자 부천시 삼익아파트는 연 천만원 정도도 번다고 하더군요. 다음 강명희 회장님 말씀해 주세요.

강명희 저는 88년도부터 부녀회장을 했어요.

모 두 더 장기집권이시네요(웃음).

강명희 중간에 두어 번 쉬었지요. 저희는 분리수거를 부녀회에게 넘긴다는 것을 안받았습니다. 왜냐하면 세대수가 너무 많고 저희 임원이 12명이에요. 감당 못합니다. 그거.

모 두　단지가 큰데 임원이 적네요.

강명희　한 동에 한 명씩이에요. 12동이거든요. 어떤 동은 200세대가 넘고 통장은 11분이시고.

김형순　통장이 11분인데 부녀회원이 좀 작다.

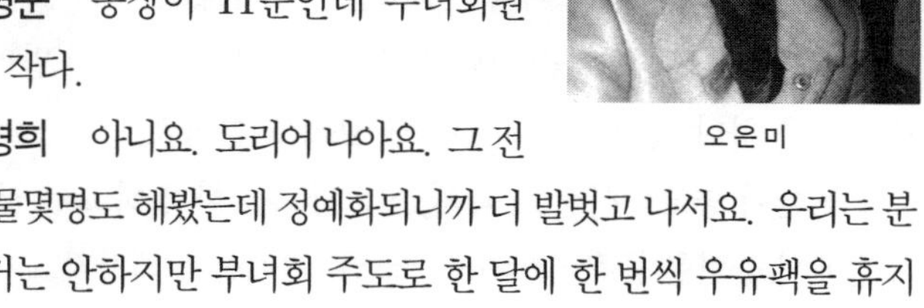

오은미

강명희　아니요. 도리어 나아요. 그 전에 스물몇명도 해봤는데 정예화되니까 더 발벗고 나서요. 우리는 분리수거는 안하지만 부녀회 주도로 한 달에 한 번씩 우유팩을 휴지로 교환해주고 있어요.

저희는 한 달에 나오는 우유팩양이 1,200∼1,300톤이 되요.

사회자　1,200∼1,300톤이요?

모 두　굉장히 많은 양이네요.

강명희　아. 톤이 아니라 1,200∼1,300kg. 한 번 치워 갈 때마다 2.5톤 차 2대분씩을 가져가요.

모 두　너무 많은 것 같았어요(웃음).

강명희　어떤 식으로 하는가 하면 부림제지에서는 1.9kg에 휴지 한 개를 받고 주민들에게 봉사하는 것은 800∼1kg에 휴지 한 개씩을 주는 것이죠. 그렇게 되면 딱 절반이 부녀회 기금에서 나가는 셈이에요. 이렇게 하는 것은 왜냐하면 하나라도 더 모아라 하는 의미에서입니다.

또 저희가 폐식용유를 모은다고 해서 여성민우회를 비롯해 여러 군데 알아보았다가 6개월만에 성사되기도 했어요.

사회자　네. 다음은 김민경 선생님 대림아파트 이야기 좀 해주세요. 현재 부녀회장은 아니시지만 환경보존을 위해 많은 일을 하고 계시다고 들었는데요.

　김민경　저는 지금은 임원활동을 안하기 때문에 현재 부녀회 일
은 잘 몰라요.

　김형순　새마을 부녀회세요?

　김민경　저희 동네 부녀회는 새마을 부녀회에요. 저는 예전에 공
해추방운동연합에서 일을 하다가 제 동네 일도 못하면서 멀리까지
가서 일을 하나 싶어서 동네에서 해 보려고 했어요.

　예를 들어 중고품시장을 해 봤는데 광고를 한참 하고서 일단 자
기 집에서 쓸만한 물건이 있으면 스스로 가격을 정해가지고 나오라
고 했어요. 그것이 안되는 사람들은 부녀회에 물건을 가져오면 부
녀회에서 대신 장사를 하고 수익금은 받아가고. 만일 안받아가겠다
고 하면 부녀회의 수익금으로 쓰겠다고 했죠. 부녀회 기금으로 동
네조경 등에 돈을 많이 써요.

　중고품시장 광고를 보고는 사람들이 옷을 참 많이 가지고 나왔어
요. 물론 부녀회에 거의 맡기는 식이었지요. 신발이나 애기들용품
도 있었는데 애기들용품은 엄마들이 관심가지고 사갔어요. 그리고
애들은 자기들 물건을 자기가 가지고 나와서 팔라고 했어요. 그랬
더니 재미있어 하면서 올해는 왜 안하느냐고 해요(웃음).

　우리 애들한테도 자기 것을 팔고 그 돈을 마음대로 하라고 했어
요. 그런데 다른 이들 중에는 이런 식을 잘 이해못하는 사람도 있더
라구요. 아무래도 저는 관심이 많다 보니까 벼룩시장이라든가 외국
의 사례라든가 TV에서 비슷한 것이 나오면 유심히 봤지요.

　사회자　그러다 아이들이 쓸 만한 물건도 막 내다 파는 것은 아
닌가 모르겠어요(웃음).

　김민경　재미있는 것은 사고 싶은 사람은 많은데 내놓는 사람이

없는 거에요. 가만히 보니까 정리하기가 싫어서 그런 것 같아요. 하지만 정작 이사갈 때는 많이 나오더라구요. 막상 자기는 안내놓지만 뭐 없냐고는 해요. 자기 물건을 정리해서 내놓는 것이 귀찮은 가봐요.

작년에는 여러 일들을 많이 했는데 올해는 별로 못했어요.

변재영 저희는 우유팩 수거를 했어요. 그런데 환경부에서 하는 거라고 하면서 스텐쓰레기통이 들어왔어요. 여태까지는 우유팩을 자르고 씻고 했는데 그럴 것 없이 그냥 통에 넣기만 하라는 거에요. 이 우유팩으로 휴지를 만든다고 그러더라구요.

김형순 저희도 그런게 들어왔었는데요. 딱 거절했어요. 우유팩은 반드시 씻고 말려야 재생이 되요. 그렇지 않으면 휴지를 못만들어요. 이제 겨우 씻고 말려서 쓰레기통에 넣는 수준이 됐는데 다시 옛날로 돌아가게 되거든요.

오은미 저희도 그런 게 왔는데요. 어떤 기업에서 철제통을 설치해주는 대신 5년간 광고능력을 자기네가 마음대로 갖겠다는 거에요. 그런데 들어오겠다는 철제통이 크기도 안맞고 문제가 있더라구요. 저는 그래서 아파트에 깡통압축기를 해주면 20년이라도 광고해주겠다고 했어요(모두 웃음). 창동에 가면 깡통압축기가 있거든요. 150~260만원 한대요.

김형순 그렇게 모아진 우유팩이 재생된다는 보장이 없을 거에요. 수거해가겠다는 업자들이 그냥 태워 버릴지도 모르죠.

주부들의 환경에 관한 의식

사회자 이야기를 바꾸어서요. 주부들의 환경에 대한 의식수준은 어떤 것 같아요.

김형순　주부들 머리로는 다 똑똑해요. 모두 환경의식은 다 있어요. 하지만 우리 주변만해도 재생공책 안써요. 엄마들이 잉크 번진다고 싫어해요. 제가 부림제지에 가봤는데요. 우유팩이 그냥 쌓여 있어요. 재생용지를 안써주니까요.

쓰레기 분리수거가 처음에는 취로사업으로 하다가 부녀회로, 그 다음은 통장의 책임으로 넘어왔어요. 사람들이 우유팩 버리러 가는 것도 싫고 짤라서 헹구어 놓는 것도 싫어서 그 자리에서 먹고 도로 버려요. 젊은 엄마들은 뭐라고 야단을 치면 "내 우유 먹고 내가 버리는데 왜 그러세요?"해요.

오은미　주부들 환경에 대해 알긴 잘 알아요. 하지만 제 생각은 주부들이 알아도 못한다고 생각해요. 왜냐하면 버릴 시스템이 안되있기 때문이죠. 음식쓰레기 처리하는 데 투자는 않고 무조건 분리하라고만 하면 되겠어요? 그렇기 때문에 단지 주부들이 안한다고만 할 게 아니라 과감한 투자가 있었으면 해요.

사회자　좋은 말씀이세요.

변재영　디스포저 말씀인데요. 쓰지 말라고 하잖아요. 강남에서는 그것을 쓰는 게 덜 오염시킨다는 얘기도 있나봐요. 확실한 정보가 있었으면 좋겠어요. 제 생각에는 환경을 생각하는 의식은 점점 높아지고 있다고 봐요. 실제로 저희 아파트의 경우 우유팩을 그냥 버려도 되지만 씻어서 잘 말려서 버리는 사람이 많거든요.

강명희　저희 부녀회에서 한양스토아하고 계약을 맺었어요. 그래서 생선같은 것 싸주는 스티로폴 있잖아요. 그걸 모아서 다시 한양스토아로 갔다 주는 것을 반상회를 통해서 홍보했어요. 그런데 슈퍼에서 나가는 양은 그렇게 많은데 다시 갔다주는 주부가 없어요.

대신 우유팩은 휴지를 주니까 분리수거가 잘 되는 것 같아요.

또 단지내에 종이류, 의류, 재활용품 등 분리통이 다 있어요. 그런데 직장 다니고 애기 키우는 어머니들 중에 종이기저귀, 생리대 등을 재활용통에 넣는 사람이 있어요(모두 쯧쯧). 특히 젊은 여자들 더러운 일 안하려고 해요. 도리어 몸으로는 할머니들이 잘하세요. 채소류 버린 것들 중에서 우거지라도 추릴려고 하고요.

김민경　처음 재활용품 분리수거하러 안나오면 벌금을 낸다고 하니까 정부에서는 도대체 무엇을 하고 우리가 이런 것까지 해야 하느냐고 했었어요. 그렇지만 지금은 순서대로 잘 나와요. 날짜가 안 맞으면 서로 바꾸기도 하고요. 하지만 쓸 만한 물건을 버리는 사람은 있어요. 확실히 나이드신 분들이 절약정신이 더 있으시더라구요.

환경보존활동의 어려운 점

사회자　쓰레기 분리수거 말고 기타 환경보존을 위해 한 활동이 있거나 쓰레기 분리수거를 하면서 어려웠던 점을 좀 소개해 주십시오.

김형순　왜 어려운 점이 없겠어요. 정말 힘들었어요. 처음에 할 때는 일부러 거꾸로 갖다 버리는 사람들까지 있었어요(모두 웃음).

예를 들어 재생공사아저씨하고 제가 같이 일을 하는데 일일이 무게를 다는 것이 너무 야박하더라고요. 우리 쓰레기 치워주는 것인데 달고 계산하고 하기가 영⋯ 그래서 아저씨 달지 마세요 했어요. 그저 우리 아파트 깨끗하게만 치워달라는 심정이었지요. 그래서 집에 있는 먹을 것 다 가지고 나와서 드리고 내가 다 묶어 놓고 했어요. 그리고 그 아저씨들은 딱 들어보면 무게를 알기 때문에 어떤 면에선 다른 것보다 더 정확해요.

이런 식으로 잘 해주니까 그 분들이 우리 아파트에 먼저 와주더라구요. 그리고 쓰레기를 치워갈 때 한 번에 폐휴지하고 병하고를 같이 못실어요. 공장이 틀리기 때문에. 그런데 하루 두 번 그것을 실으러 와주었어요. 아침에는 폐지를 실어가고 오후에는 병을 실어 간 거죠. 얼마나 고마워요. 그런데 그것도 말 많은 주민들에게는 꼬투리가 잡힌 거에요.

떼어먹었다는 거죠. 다 아시겠지만 그것은 떼어먹을 수가 없어요. 이분들이 개인으로 고물상을 하는 것이 아니라 공무원식으로 월급을 받아요.

그 영수증하고 내가 써준 영수증 원본이 동사무소로 가요. 정부에서 주는 퍼센트 때문에. 그렇기 때문에 10원 한 장 차이가 나도 내돈 물어내야 되요. 그런 오해도 받았어요.

그래서 눈이 오나 비가 오나 남편 입원시켜 놓고도 날짜가 되면 분리수거하러 나갔어요. 그런데 저희가 15층이거든요. 그러니까 15주만에 자기 차례가 돌아오잖아요? 제가 15주 동안 한번도 안빠지고 했는데 내 층 돌아오는 날 빠졌더니 벌금내라고 하더라고요(모두 웃음). 웃으면서 냈어요.

그리고 동네 아주머니들이 내놓는 옷을 전부 세탁해서 나누어주는 일도 해요. 그릇도 쓸 만한 것 나오면 원하는 사람들 주고 재활용품이 비를 안맞도록 각 동마다 하나씩 천막을 만들었어요. 재활용품 중 필요한 사람은 가져가게 한거죠. 이런 것이 보람이라면 보람이에요. 제가 그만두면 어떻게 될지 모르겠지만 어쨌든 지금은 분리수거하는 날이 되면 신들린듯이 나가요.

오은미　저는 좀 다른 이야기로 이렇게 바뀌었으면 좋겠다는 것을 말하고 싶어요. 이제는 분리수거를 안하면 쓰레기를 안치워간다고 하더라구요.　정말 그랬으면 좋겠다는 거에요.

모　두　정말 적극적으로 그랬으면 좋겠어요.

오은미　만일 구의회라든가 의정활동을 감시하는 일이 있다면 그렇게 되도록 했으면 좋겠다는 것 하구요.　다음으로, 삼익아파트 같은 경우는 재활용팀이 따로 있잖아요.　다른 아파트도 부녀회장말고 재활용팀이 있으면 어떻겠는가.　말하자면 정부에서 인정하는 식으로 해서 재활용팀이 자치회처럼 의무화됐으면 어떤가 하는 것이 제 개인적인 생각이에요.

모　두　좋은 생각이네요.

강명희　재활용팀을 구성하는 것도 세대수가 1,000세대 미만이어야 효과가 있을 것 같은데요.

오은미　그럴 수도 있겠네요.　앞의 얘기는 저의 개인적인 건의사항을 말씀드린 거예요.　지금은 통장님들이 동사무소에서 하는 수박겉핥기식 교육을 받고 와서 하시는데 그러다보니 근본적인 문제, 예를 들어 폐식용유 모으는 것이 체계적이지 않다는 것이지요.　이런 활동을 좀 더 조직적으로 했으면 좋겠다는 것입니다.

자라나는 아이들을 생각하면 좀 더 많은 홍보활동과 교육이 있었으면 좋겠구요.　그런 일이 부녀회장들이 적극 도와야 한다고 생각합니다.

강명희　우리는 산지 직거래를 하고 있는데 말씀 좀 드릴께요.　충북 청산과 한 달에 한 번씩하고 있죠.　그런데 이상하게도 자매결연해서 직거래하는 날만 되면 비가 오더라구요(모두 '어휴').

우리 임원들이 비를 쪼로록 맞고 지금까지 하고 있어요.

사회자　이익이 됩니까?

강명희　이익은 안되죠. 농민은 이익이죠. 부녀회는 이익이 거의 없어요. 완전 봉사죠 뭐.

모　두　축복받으시겠네요.

강명희　어제 그저께 저희가 김장시장을 했어요. 직거래로 생산자들이 직접 갖고 왔는데요. 배추 2,800포기, 무 2톤 트럭 한 대가 와서 배추 3포기에 1,000원에 팔았는데 한 시간만에 다 팔았어요.

모　두　굉장히 싸게 팔았네요.

강명희　그날 동회에서도 산지 직거래를 했는데 한 포기당 600원씩 했어요.

이것말고도 여름 장마 배추 비쌀 때 있죠. 그때는 농협하고 손잡고 싸게 직거래를 하고 있어요. 농협이 나머지 부분, 즉 안팔리는 부분은 손비처리하도록 하면서요. 농민은 비싸게 팔고 주민은 싸게 사고 손해부분은 부녀회나 농협에서 감당하구요. 몇년째 계속하고 있죠.

사회자　주변 상가와 부딪히는 일은 없으셨어요?

강명희　왜요. 부녀회장하면서 겪을 것 못겪을 것 다 겪었죠(모두 웃음).

김형순　그건 정말 이해를 해요. 상가들하고 부딪히는 거요.

강명희　그 외에도 일년에 두 번씩 바자회를 하고 있고 어느 정도 수익금이 남으면 성모재활원과 자애원에 헌옷가지와 김장거리를 갖다주는 활동들을 했어요. 요즘은 소각장문제 때문에 좀 시끄럽지요.

사회자　사시는 곳의 아파트 세대수도 많고, 또 덩치도 크시구요 하신 일도 많으시네요(모두 웃음).

강명희　지난번에 서울시에서 구직원하고 우유팩 교환하는 날 나와 표창을 하겠다고 하더라구요. 일을 많이 했다구요. 그런데 우리는 자체 부녀회지 새마을 부녀회가 아니거든요. 그러니까 명칭이 없어 표창하기 어려우니 새마을 부녀회로 들어가라고 하더라구요. 그래서 우리 표창 안받아도 좋다고 했어요.

일을 하다보면 보람도 있어요. 한 가지 일을 성취하고 나면 기분이 좋아요. 여러 부녀회장님들이 다른 단지에서도 부녀회의 위상을 높이고 부녀회에 대한 신뢰를 쌓았으면 좋겠다는 거죠. 부녀회가 정말로 열심히 일한다는 칭찬을 들었으면 좋겠어요. 부녀회가 하는 일은 틀림이 없다, 어디까지나 주민들을 위해 일한다는 인식과 신뢰가 있기 때문에 우리 부녀회가 활발하다는 얘기를 듣는 것 같아요. 이권다툼이나 한다면 그렇게 되지 못했을 거에요. 그래서 저는 주민들이 하나의 든든한 울타리에요.

김민경　저희는 새마을 부녀회니까 대림아파트단지 부녀회가 있고 또 몇단지가 모여서 상계 몇동 부녀회가 되더라구요. 저는 숫기도 없고 해서 이미 조직되어 있는 부녀회에 들어가서 일을 좀 해볼까 해서 들어갔거든요. 그래서 부녀회조직을 통해 비누만들기도 해보고 물오염에 대한 이야기 나누는 것도 해봤어요.

그리고 동회의 부녀회담당한테 이야기를 했어요. 우리 동네에 중랑천과 중랑하수처리장이 있으니 물여행을 좀 해보자구요. 그런데 아무 반응이 없더라구요. 우리 동 분위기뿐만 아니라 노원구의 분위기가 좀 경직되어 있는 것같았어요.

사회자　비누만들기의 호응은 어땠어요?

김민경　점점 나오는 인원수는 늘어나고 괜찮았어요. 처음에 3명에서 10명으로 늘었으니까요. 하지만 주로 나이든 사람이 많이 나왔어요. 제 얼굴보고 나오는 경우도 있었고 뭔가 아껴서 만든다니까 좋은 일이라고 생각한거죠.

사는 지역의 환경문제는?

사회자　이제 각자 사시는 지역의 환경문제는 무엇이 있다고 생각하시는지 한번 들어볼까요?

김형순　저희는 도봉구에 소각장이 들어서는 줄 알고 있었는데요. 문제점이 많아 주민들이 데모를 해서 이제는 들어오지 않게 되었다고 하는데 어떤지 궁금해요. 그리고 난방용으로 벙커C유를 때고 있는데 관리비를 적게 내서 좋긴 하지만 대기오염수치가 높아 걱정이에요. 실제 발표를 보면 쌍문, 방학동의 수치가 높다고 하니까 창문을 안 열게 되더라구요. 집으로 연탄가스가 올라오기도 해요. 하지만 주변에 새로 지은 지역은 또 청정하다고 하더라구요. 어떤 수치를 믿어야 할지 모르겠어요.

오은미　실제 소각장에 대해 너무 몰라요. 몇톤 규모로 들어서는지, 위치가 어딘지 하는 것들을요.

김형순　소각장이 들어서면 난방이 좋아진다고 생각하는 사람들도 많아요.

강명희　도봉구 쓰레기 소각장은 취소된 것이 아니에요. 저희 지역에서 소각장을 반대하면서 홍보물을 도봉지역에도 다 보냈는데 못받으셨나봐요. 도봉지역 주민들 중에도 3,000명이 서명하는 등 반대표시를 한 것으로 알고 있어요.

소각장은 지역난방에 도움되는 면이 있을지 모르지만 더 많은 문제가 있어서 반대하는 것이에요. 동사무소나 동장에게 물어보면 아마 시원하게 이야기 안해줄거에요.

허지만 도봉지역과 노원지역은 모두 분지로 둘러싸인 한 공기를 마시는 지역이기 때문에 같이 환경평가도 하고 대처도 해야 합니다.

오은미　우성2차 아파트의 경우는 쓰레기를 노천에서 태우고 있어요. 때문에 건물이 변색되었어요. 또 시내버스문제인데요. 달리면서 매연을 너무 내고 소음도 심해요. 소양교육 등을 통해 이런 일이 없도록 했으면 좋겠어요.

그리고 95년이 되면 천연가스로 바꾸기 위해 각 집의 버너를 교체하고 폐열을 위한 공사비도 물어야 된다고 하던데요. 매우 비경제적인 것 같아요. 돈이 3배나 비싸다고 하대요. 이 기회에 지역난방을 LNG로 바꾸면 좋겠어요.

변재영　앞에서 말씀하신 분들과 거의 비슷하고요. 저희 사는 곳은 주변에 비해서 비교적 공기가 깨끗한 편이에요.

강명희　다 아시는 바와 같이 저희 지역은 소각장이 들어서는 지역이어서 그것이 가장 문제가 되죠. 밤 9시만 되면 냄비뚜껑 등을 가지고 나와서 29일간 시위했어요. 심지어 눈뜨면 형사들이 안부전화를 할 정도였어요. 왜 우리가 소각장을 반대하는지 많은 관심을 가져주셨으면 합니다.

그밖에도 저는 우리 지역문제로 물오염을 들고 싶어요. 중랑천의 하수처리장이 부족하다고 하고 물이 깨끗하지 못해 생수나 정수기를 사는 형편이니 물을 안심하고 마실 수 있었으면 좋겠어요. 소각장에 대해 문의하실 일이 있으면 언제든지 물어주시구요.

김민경　저희는 지하철공사구간이라 소음이 심해요. 그리고 지하수가 그대로 관을 통해 버려지고 있는데 지반침하를 가져오면 어떻게 하나 매우 불안해요. 지하수 관리가 어떻게 되고 있는지를 알고 싶어요.

더 많은 사람들이 모였으면…

사회자   집주변의 여러가지 문제에 대해 매우 관심이 높으시네요. 이런 모든 일들이 고쳐지려면 무엇보다도 우리 주부들의 힘이 필요한 것 같아요. 오늘의 간담회도 그 일환이구요. 저희가 하려는 이야기는 이제 거의 끝났는데요. 마지막으로 오늘 좌담회에 대한 소감을 한말씀씩 해주시면 감사하겠습니다.

김형순   저는 사실 아무것도 모르고 환경에 대해 이야기 한다고만 알고 왔는데요. 몸도 아프고 해서 처음엔 왜 왔나도 생각했어요. 그런데 이야기를 하니까 아무한테도 말할 수 없었던 것을 이야기한 것 같아서 속이 다 시원하네요. 앞으로도 이야기에서 그치지 말고 열심히 노력했으면 좋겠어요.

오은미   준비된 바가 별로 없었어요. 하지만 아무 지식 없이 이렇게 나와 많은 이야기를 할 수 있는 것이 바로 젊은 여성들의 잠재력이 아닐까요?   저는 여성들이 모이는 많은 조직이 있었으면 좋겠어요. 이런 모임에도 많은 참여가 있었으면 좋겠구요.

변재영   소각장 문제에 대해서 알고 있었어요. 하지만 거리가 멀리 있다보니 마음이 있어도 시위에는 참여하지 못했어요. 저는 이런 모임이 우리만 알고 돌아가면 일회용으로 끝날 것 같아요. 교육과 홍보뿐만 아니라 실천이 따라야 해요. 그리고 좀 더 여성들의 힘을 모으는 노력이 있었으면 좋겠어요.

강명희   이름과 달리 유명무실한 모임이 참 많은데 좋은 자리였다고 생각해요. 소수의 인원만이 아니라 좀 더 많은 주부들이 알고 참석할 수 있었으면 좋겠습니다. 다음에 기회가 되면 날씨 좀 따뜻할 때 우리 단지에 와서 환경문제로 이야기 좀 해주세요.

김민경 저는 오늘 많이 배우고 가요. 다만 이렇게 모인 힘이 그냥 흩어지면 그만 아닐까 하는 안타까움이 있네요. 사람들이 보다 많이 참석하고 모였으면 좋겠습니다.

사회자 여러분의 열심인 모습 보니까 반성이 됩니다. 이렇게 현장에서 직접 뛰는 분들의 생생한 목소리를 들을 수 있어 매우 기쁘구요. 생각했던 것보다 환경을 지키기 위해 우리 주부들이 많이 움직이고 노력한다는 사실을 알게 되서 무엇보다도 뿌듯합니다. 이런 노력들이 다른 주부들에게도 알려지고 자극이 됐으면 좋겠습니다.

다시 한 번 참석해 주신 것 감사드리구요. 안녕히 돌아가십시오.

9

책|을|마|치|며

주부들이 환경관계 책을 쓰고 있다는 이야기를 듣고 많은 사람들이 격려와 관심을 가져주었습니다. 때문에 비슷한 작업을 계획하고 있는 다른 많은 여성들을 위해 이 책을 쓴 6명이 모여 책이 나오기까지의 과정을 간략히 대담으로 엮어 보았습니다. 사회에는 이 책이 나오기까지 많은 격려를 아끼지않은 여성민우회 노원, 도봉지회 대표인 신경혜 씨가 맡아주었습니다.

332

사회자 환경팀이 다시 한자리에 만나게 되어 반갑습니다. 오늘 이 자리를 마련한 것은 우리와 같이 환경문제에 관심이 많은 주부들이 공부를 하거나 책을 낼 때 도움을 주기 위해 이 책이 나오기까지의 과정을 중심으로 이야기하는 시간을 갖고자 해서 입니다. 그동안 많이 힘드셨겠는데요 진솔한 여러 얘기 부탁드립니다. 책을 쓰고난 후에 소감이나 주위에서의 반응, 자료수집의 문제, 보람 등에 대해서 허심탄회하게 이야기해 보도록 합시다. 먼저 책이 나온 후 여러가지 소감이 있을 것 같애요. 가장 나이어린 피원아씨부터 말씀해 볼까요?

피원아 책이 나올 줄 알았으면 좀 더 열심히 부끄럽지 않게 준비할 걸 그랬다 싶었어요. 하다가 이것저것 문제가 생기면 '내가 왜 이걸 한다고 했을까?' 싶은 때도 있었어요. 막상 해놓고 보니까 보람이 커요.

김연순 저는 기쁘기도 하지만 '아 좀 더 잘해 볼 걸!' 싶었고 시간을 많이 내지 못해서 자료수집부터 확인까지 증명이 안돼 내용에서 빠진 부분도 있어 무척 아쉬웠어요.

김은경 이 책의 원고를 보고 반응들이 상당히 많이 와 놀랬어요. 특히 시어머님이 '이런 것도 썼니?' 하면서 놀라셨어요. 사회적으로 주부들이 대단히 무지하다고 생각하는데 주부들이 이런 걸 썼다는 것에 대해 특별히 관심이 많아진 것 같아요.

권미혁 일단 완성되어 기뻤구요, 처음엔 '정말 이런 걸 낼 필요가 있을까, 다른 데서 다 나와 있는데…' 라고 생각했었어요. 다 쓰고보니 주부의 시각으로 쓰려고 한 우리의 기획이 올바른 것이었다는 생각이 들어요.

조영옥 처음 '환경공부를 하자' 고 했을 때는 무언가 좀 배우려고 시작했는데 아는 게 별로 없는 상태에서 책을 쓰게 되서 좀 얼떨떨해요. 앞으로 더 많이 공부해야겠다는 생각이 앞서는군요.

박범이 책을 내자고 했을 때 '과연 우리 힘으로 할 수 있을까?' 하고 의구심이 많이 들었었고 주부들이 환경문제에 얼마나 관심이 있을까? 하는 것도 굉장히 걱정되었어요. 책을 쓰고 나서 반응을 보니까 제 생각보다 훨씬 더 많이 환경에 대해 고민하는 것 같아서 기뻤구요. 제 자신도 그저 집안 살림만 하는 주부가 아니라 우리 사회에 무언가 필요한 역할을 하고 있구나 싶어서 보람이 컸어요.

사회자 이구동성으로 과연 우리가 해낼 수 있을까 하는 의구심으로부터 시작했다고 하셨는데 결과적으로 자화자찬인지 모르겠지만 상당히 큰 일을(?) 하셨군요(모두 웃음). 그러면 환경팀이 처음에 어떻게 구성됐고 모임은 어떻게 이어갔으며, 어떤 준비과정을 거쳐 하게 되었는지 궁금하군요.

조영옥 92년 9월에 '환경문제를 고민하는 모임'으로 출발해서 이병희 선생님을 모시고 수질, 대기, 먹거리, 쓰레기, 의약품, 핵 등의 분야별로 1주에 1회 9개월 정도 공부하고 신문 스크랩도 했습니다. 그런데 막상 공부를 하다 보니까 분야별 이론서들은 많지만 주부들이 실생활 속에서 실천할 수 있는 쉽고 읽기 쉬운 책은 없다는 현실적인 문제를 고민하면서부터 책을 쓰기로 했지요.

김은경 애초 계획은 냉장고나 싱크대 앞에 걸어놓고 쓰레기를 버릴 때는 어떻게 해야 하는지, 수질오염을 막으려면 어떻게 해야 하는지, 대기오염을 막으려면 어떻게 해야 하는지 등 살림하면서 문제를 느낄 때마다 쉽게 펼쳐 볼 수 있는 작은 책자 정도로 생각했었는데 자료수집을 하고 주부들의 사회적인 역할 등도 고민하고 하다 보니 생각보다 큰 결과물이 된거죠(모두 웃음).

사회자 부뚜막의 소금도 넣어야 짠 것처럼 결국 실생활에 도움을 줄 수 있는 책을 만들어 보고자 하는 의도였군요. 그러면 애초 계획보다 훨씬 큰(?) 책을 만드셨는데 자료수집은 어떻게 하셨나요?

권미혁 저는 수질부분의 자료를 모았어요. 일단 상수도사업본부에 전화를 해서 자료를 좀 보내달라고 했지요. 그랬더니 왜 그러냐고, 도대체 여성민우회가 뭐하는 곳이냐고 꼬치꼬치 묻더군요. 그래서 '우리는 수돗물을 먹자고 주장하는 사람들인데 수돗물에 대해 자세히 알아야 이야기를 하지요' 했더니 그제서야 약수의 문제점, 정수기, 생수의 문제 등이 담긴 스크랩자료를 우편으로 보내 주더군요.

그리고 수질검사를 어떻게 할 수 있는지 각 구청, 보사부 등에 알아 보았고, 『어떤 물을 먹어야 하는가』 등의 물에 관한 전문책도 보았구요. 신문·잡지에서 정수기 문제점 등에 관한 기사 스크랩 등을 참고로 했어요.

김연순 저는 주로 먹거리에 대한 자료를 수집했는데 환경팀이 구성되기 전부터 모아 놓았던 신문 스크랩과 소비자 보호원에서 나오는『소비자 시대』,『복합오염』등 여러 책자, 여성민우회의 생협 자료, 한살림·경실련 등의 먹거리 자료와 수입농산물 비디오 등을 참고로 했어요. 슈퍼에서 가공식품의 성분표시는 어떻게 되어 있는지 실제로 확인도 했었죠.

박범이 쓰레기는요, 지난해 여성사회교육원에서 주최한 '쓰레기 문제에 관한 교육' 에 참가했었는데 그때 자료를 모아 두었어요. 그리고, 중·하계 지역 주민들의 쓰레기 소각장 건설에 대한 공청회를 쫓아다니면서 자료를 모았죠. 서울시 청소사업본부에서 나온 쓰레기 분리수거, 재사용, 재활용 방법에 관한 자료와 그 외『시민을 위한 환경백과』『지구를 살리는 1001가지 방법』『어린이가 지구를 살리는 50가지 방법』『소비자 시대』『일석이조 재활용』등을 보았어요. 볼 자료들은 많은 데도 각 자료마다 통계치가 서로 달라서 당황스럽더라구요. 환경관계의 정확하고 공신력있는 통계치가 만들어졌으면 좋겠어요.

김은경   우리 동네에 쓰레기 소각장 문제가 환경팀과 공교롭게도 같이 생겨나서 쓰레기 문제에 관해서는 따로 책을 한 권 낼 만큼 자료가 많았는데 책의 다른 부분과 균형을 맞추느라고 박범이씨가 실천사항을 써놓은 원고를 많이 삭제해야 했던 것이 정말 가슴 아팠어요. 제 경우에 자료는 분야별 전문서적을 본 것 외에 환경문제의 관점에서 가장 도움이 되었던 것은『지구환경보고서』에요. 이 책은 매년 나오는데 여러 분야에 걸쳐 상당히 깊이 있게 그리고 객관성 있고 성실하게 그리고 과학성 있게 자료를 제시해주고 있지요. 90,91,92년호를 참고로 했어요. 경실련에서 나온 여러 환경단체 소개책도 고마웠어요.

조영옥   화장품은 우리나라 자료가 거의 없더군요. 그래서 일본에서 나온 책을 많이 보았고『소비자 시대』, 민우회 생협자료,『시민을 위한 환경백과』, 신문스크랩 등을 보았어요. 월곡동 여성생산공동체에서 개발한 알로에 자연화장수 만드는 것도 알아보았구, 백화점에 가서 화장품 성분표시나 날짜 등을 표시하게 되어 있는 의무조항이 잘 지켜지고 있는지도 알아 보았지요.

피원아   핵문제의 경우는 자기 이권관계가 얽힌 여러 집단들의 입장이 완전히 달라서 자료수집이 어려웠어요. 각자의 주장에 따라 핵은 너무너무 좋고 깨끗한 에너지고 핵 에너지 발전이 나라의 발전이라고 주장하는 쪽과 이 강산에 절대로 들여와서는 안될 뿐만 아니라 있는 것도 모두 폐기해야 한다는 쪽으로 입장이 달랐어요. 때문에 그 자료라는 것도 서로 입장이 명확히 갈라진 것들이었어요. 자료는 많이 찾지 못했고, 책에서 나온 내용이 거의 구절까지 똑같은 것들이 많았어요. 제일 도움이 되었던 것은 환경운동연합에서 나온 월간『환경』이었는데 우리나라에 숨겨져 있는 대뇌아, 무뇌아 출산이라든지, 핵 피해자들은 직접 찾아가서 취재한 내용은 무지한 저를 깨우치게 해주었지요.

사회자　핵은 사실 주부들이 자기와 멀다고 생각하기 쉬운데 우리와 관련이 덜한 문제도 아니고, 덜 관심을 가져도 되는 그런 문제는 아닌 것 같습니다. 오히려 어떤 면에서는 가장 절박한 문제이기 때문에 주부들의 무관심을 깨워주는 의미로서 핵부분은 중요하다고 볼 수 있겠지요. 그러면 이러한 자료를 통해 어떤 부분에 역점을 두고 쓰셨는지 이야기해 볼까요?

권미혁　먼저 수질에 대해서 이야기 해보죠. 요즘 수질오염이 심각하고 수돗물에 대한 불신이 많습니다. 자연히 수질오염에 대해서 쓰려면 어떤 물을 마시는 것이 가장 좋은가 하는 주부들의 고민이 담겨지는 것이 필요했죠. 실제 주변에 생수나 정수기 물을 이용하는 사람들이 많은데 이것은 개인적인 차원에서 나만 깨끗한 물을 마시면 된다는 이기적 생각의 결과가 아닐까 하는 생각이 들었어요. 이러다간 잘 사는 사람들은 깨끗한 물을 사서 먹고, 없는 사람들은 오염된 물을 마시게 된다는 것이지요.

그래서 바로 수돗물을 깨끗이 하도록 요구하는 것이 환경을 살림은 물론 없는 사람과 있는 사람들간의 차이도 없애는 방법이라는 점에 역점을 두게 되었습니다.

그 다음에 기본적으로 어떤 물을 마실까도 중요하지만 물은 항상 충분한 것이 아니라 모자라는 것이다. 때문에 수돗물을 아끼는 것이 수질오염 예방의 기본이라는 것을 알리는 데 초점을 맞추었지요. 그리고 수질검사를 해보고 싶은 사람들에게 어떠한 방법이 있는지 구체적인 정보를 제공하고자 했습니다.

김연순　먹거리는 유기농산물 직거래부분만을 실천사항으로 다루려 했어요. 그런데 유기농산물이 일반 농산물보다 가격이 조금 비싸다는 단점이 있어서 중산층 이상만 먹게 되는 문제가 있고, 그렇지 못한 사람들은 싼 오염된 수입농산물을 먹게 될 수도 있다는 우려가 생기더군요. 그렇기 때문에 가능한 한 유기농산물 직거래를 권장하면서 수입농산물 안먹기를 강조했어요. 이 책을 쓰는 동안 UR협정의 타결이 기정사실처럼 되는 분위기였어요 설마설마하는 사이에 개방이 되니까 너무너무 막막하더라구요(모두 웃음). 그래서 어떻게 해서든지 수입농산물은 먹지 않도록 해야겠다. 또 그것이 얼마나 많은 농약과 방부제 등으로 오염되어 있고 우리 몸에 해로운가, 또 우리 농촌은 어떻게 될 것인가 하는 문제를 인식하도록 하는 데 중점을 두었어요.

피원아　핵문제 같은 경우에는 사실 늘상 실천할 수 있는 부분은 거의 없잖아요. 하지만 그것이 어떠한 피해를 낳는가를 정확히 알도록 해서 잠자고 있다가도 '핵발전소 좋아요?' 라고 물으면 '안돼요' 라고 말할 수 있도록 생각을 바꾸어 놓는것, 그래서 최소한 선거할 때라도 원자력발전소를 늘리겠다는 후보가 있으면 '에이고, 저 후보는 틀렸구나' 이렇게 안찍을 수 있도록만이라도 하는 것. 그리고 기존에 핵을 찬성하는 논리에 반박할 수 있는 주부가 될 수 있으면 좋겠다는 마음으로 썼습니다.

조영옥　화장품을 너무 많이 쓰는 것은 정말 심각해요. 여성들이 화장을 통해서 예뻐지겠다는 생각은 왜 생긴걸까. 화장을 함으로써 사회적으로 남성들한테 잘 보이려고 하는 노력이 아닐까 고민이 되었구요. 그것은 내적인 면의 아름다움은 보지 못하고 자신보다 남에게 보여지는 아름다움만을 중요시 여기는 것, 즉 아름다움에 대한 철학 자체가 잘못된 것이라는 생각이 들었어요. 그래서 화장품의 문제점도 문제지만 참 아름다움은 어떤 것인가 하는가를 나름대로 적긴 했는데 사실 우리 주부들은 다 아는 내용이에요. 다만 생활 속에서 실천을 안할 뿐이지요.

한 가지 더 이야기하고 싶은 것은 집근처에 여고가 있는데 12월에 수능 2차시험을 보면 고교학습은 끝나잖아요. 그때 아직 졸업도 안했는데 고3 학생을 위한 '예비숙녀 메이크업 강좌'를 화장품 가게에서 열더라구요. 그래서 고3 학생들이 학교 끝나자마자 단체로 거기에 등록을 해서 화장을 배우고 가는 거에요. 입시를 끝내고 나면 독서라든가 올바른 교양을 얻도록 해 주어야 하는데 그게 아니라 화장, 헤어스타일 그런 것부터 알게 하는 것이 정말 문제라고 봐요. 더구나 그런 것이 상업주의에 너무나 많이 이용당하다는 것이 더욱 기분이 나쁘죠.

박범이 우리는 내집에만 쓰레기가 없으면 된다는 식으로 너무 무자비하게 많은 쓰레기를 버리잖아요. 그렇게 버리고 나면 내 책임은 없는 것처럼 말이에요. 그것이 절대 올바르지 않다는 것을 인식하도록 하고 싶었구요. 무엇보다도 안버리고 아끼는 것에 중점을 두었어요. 또 기업이 상품을 생산할 때 처음부터 자원으로 재활용, 재사용될 수 있게 만들도록 정부가 기업에 요구해야 한다는 것도 강조했어요. 때마침 우리 구에 소각장이 건설되고 그것 때문에 찬·반 양론으로 나뉘어 싸웠기 때문에 소각장이 건설되면 자원재활용이

나 재생운동은 0%를 향해 내달릴 수밖에 없게 되고, 대기오염은 심각해진다는 것을 잘 알게 됐죠. 우리의 생활방식이 재사용→재활용→재생이라는 순환의 모습으로 돌아가야 한다는 것을 모두가 인식했으면 좋겠어요.

김은경 현대사회가 많은 문제점을 가지게 된 것은 남성들이 가지고 있는 능률위주, 물량위주, 소비위주의 가치관으로 사회를 몰아간 필연적 결과가 아닌가 생각해요. 그래서 우리 주부들이 가지고 있는 부드러움, 절약하는 것, 생명을 소중히 여기는 것, 이런 가치관을 살려서 사회 전체의 가치관을 바꿔가야 하지 않는가, 그런 생각이 제가 글을 쓰는 데 있어서 기본 입장이었는데요. 그래서 우리의 실천이 개인적 차원이 아니라 집단적인 힘을 가진 실천을 요구하는 데 중점을 두었어요.

예를 들면 쓰레기를 덜 버리고 물자를 아끼는 일도 중요하지만 제도적으로 쓰레기정책이 바뀌어야 한다고 보기 때문에 민우회를 포함한 여러 사회단체가 정부로 하여금 올바른 정책을 수립하도록 압력을 넣는 역할을 해야 한다고 생각해요. 주부들은 개개인으로는 힘이 없지만 모인다면 우리 사회의 어느 집단보다도 큰 힘을 가질 수 있거든요. 그래서 주부들이 힘을 모을 수 있는 첫번째 방법으로 환경단체에 관심을 갖고 참여하는 것을 강조했습니다.

사회자 책을 쓰면서 우리 사회가 올바른 길로 가기 위한 고민을 참 많이 했던 것 같군요. 어깨가 무거우시겠어요. 그러면 어려웠던 일도 많았을텐데요. 가장 힘들었던 것은 무엇이었는지 조금 가벼운 마음으로 이야기해보실까요? 재미있었던 일도 함께 해보지요.

박범이 지겨웠다. 얼굴 보기가 싫었다!

김은경 모방과 창조사이의 방황! (모두 웃음)

피원아　전 육아문제부터 우선 얘기할께요. 주부가 뭐 좀 한다면 문제되는 것이 아이죠. 보낼 곳이 없어 데리고 나오면 그날은 공부 '땡' 치고, 왜냐하면 아이가 뭐 해달라고 하면 쫓아다니느라고 제가 부산스러워져서 그날은 뭘 했는지 모르겠어요. 게다가 놀이방엘 잘 보냈는데 이 책을 쓰느라고 놀이방에 보내는 시간이 길어졌죠.

사회자　놀이방에 보내면서 아이와 갈등 같은 것은 없었어요?

피원아　워낙 잘 노니까 그런 건 없었는데요. 놀이방 선생님과는 친해졌어요. 제가 하는 일도 이해하시고 급기야는 먹거리가 얼마나 오염되었는가를 절감하면서 민우회의 생협공동체를 같이 꾸렸어요. 우리 공동체는 겨우 3집으로 이루어져 있는데 놀이방에서 거의 주문을 다 하셨어요. 아이들 먹을 것을 생협물건으로 다 하니까 온갖 곡식, 잡곡 다 사서 밥 해먹이고 하셔요. 너무너무 감사해요. 한편으로는 놀이방에 남는 것도 없는데 비싼 것 먹여가지고 망하는거 아닌가 하는 생각이 들 정도에요. 선생님은 끝까지 자기 아이 먹이는 거면 모두 똑같이 먹여야 한대요. 그런 식으로 생협을 애용하시는 게 너무너무 고마웠어요. 같이 생협하는 다른 아줌마가 먼저 나온 책을 6권이나 주문해서 이집저집 나눠주더라구요. 그것도 너무너무 고마웠어요.

김은경　야, 그 동네 괜찮다. 이사갔으면 좋겠네. 우리 훈이는 5살인데 2살 무렵부터 놀이방엘 다녀서 작년 무렵에는 잘 적응했어요. 그래도 한 번의 시간을 집중적으로 내지 못하는 게 참 단점이에요. 예를 들면 모임중에도 12시, 1시되면 놀이방에 데리러 가야되고, 오후에 모이면 아이 달고 모여야 되고 그런 것이 좀 어려웠고, 마지막 정리할 때는 시간이 없어서 몇사람 우리 집에 모여서 12시

넘어까지 일을 했는데 주부들은 역시 가사나 육아에서 완전히 놓여날 수 없는 게 가장 큰 제약이라는 것을 확인할 수 있었지요. 한 번에 집중해서 못하니까 일이 끊기고 연속성이 없고 그런 것이 가장 힘들었어요.

사회자　놀이방에 아이 데리러 갈 시간이 넘어서 아이가 울거나 보채고 해서 힘든 적은 없었나요?

김은경　그런 것보다는 놀이방 선생님께 전화해서 "훈이 엄만데요, 우리 훈이 점심 좀 먹여주세요. 죄송해요!" 이렇게 전화해야 하는 게 가장 눈치보이고 힘들었어요.

조영옥　저는 국민학생들이어서 탁아의 문제로 그리 심각하지 않았지만 엄마가 공부하면 아이가 '우리 엄마 공부해' 이런 말 하는 게 가장 듣기가 좋았어요(모두들 '맞아'). 어떤 집을 보면 엄마가 오랜만에 신문을 보면 '아빠껀데 엄마가 왜 봐' 하면서 뺏어서 자기 자신을 돌아보게 되더라는 말은 들었는데 '우리 엄마 공부하니까 조용히 해' 하는 말을 들을 땐 웬지 뿌듯해지더군요.

권미혁　전 제일 힘들었던 것어 마무리 작업에 들어갔을 때부터에요. 어느날 아침 자고 일어났는데 갑자기 가슴이 철렁 내려 앉더라구요. 너무 아무것도 해놓은 게 없다는 생각이 든거에요. 막 자료를 찾아 보았더니 중구남방으로 자료가 흩어져 있는 거에요. 그래서 집에 있는 헌 상자를 잘라 테이프로 부쳐서 자료상자를 만들어 정리하기 시작했지요. 사람이 가만 있다가 뭐 좀 하려면 괜히 더 초조해지잖아요. 그러니까 그렇게 분류해 놓고도 초조하기만 한 거에요.

막상 원고를 쓰려고 하니까 자료가 왜 그렇게 많은지 방 하나 가득 늘어놓고도 불만스러운 거에요. 그러면서 위기위식을 느꼈죠. 과연 책을 내기는 낼 수 있을까 싶은 게 끔찍하더라구요.

사회자 하여간 그 부분에서 권미혁씨가 고생 많이 했지요.

권미혁 저는 팀장으로서 일정 등을 잘 조정하지 못했기 때문에 늘 미안하게 생각됐지요(모두들 아니야, 천만에…).

사회자 그런 것 말고도 더 있을 것 같은데요? 밤늦게 원고정리 하느라 남편 식사도 못해줘서 캥겼다던지, 아이를 보면서 말다툼을 했다던지….

김연순 힘이 들긴 했지만 다행히 남편과 아이가 공부하는 엄마의 모습을 인정해주고 격려해 주었어요. 아이가 어렸을 때는 '엄마 이 빵에 방구제(방부제를 잘못 알고) 들어 있어?' 하더니 이제 좀 컸다고 '엄마 먼지는 콧구멍으로 들어가지만 콧털이 막아주니까 사람 몸은 저절로 분리수거가 되네' 라고 하기에 이르렀어요. 제가 환경문제에 관심을 갖고 있는 것이 아이에게도 영향을 미쳤던 것 같아요.

피원아 시댁에 가서 사과를 먹던 아이가 '할아버지 이 사과에는 농약이 묻어서 먹으면 안돼요' 해서 난감한 적도 있었어요(모두 웃음).

조영옥 한 번은 우리 아이를 미용실에 데려 갔는데 미용실 아줌마들이 짜장면을 먹고 있었어요. 그랬더니 "짜장면은 수입밀가루로 만들어서 몸에 나쁘대요" 하면서 뭐도 나쁘고 뭐도 나쁘고 하니까 미용실 아줌마가 '어이구! 대단하네!' 하면서 이상한 눈초리로 쳐다보지 않겠어요.

권미혁 남편들이 대체로 협조적이었던 편이죠(모두 웃음). 특히 박범이씨 남편 최종욱 선생님은 많은 격려와 더불어 이 책을 쓰기까지 아내인 박범이씨의 고생담과 본인의 소감을 친히 써주시기까지 하셨는데요. 편집관계상 빠지게 되서 너무 안타까워요.

사회자　그래요. 모두들 모범남편들(?)덕분에 별 무리 없이 지내온 것 같군요. 하지만 미처 이야기하지 못한 애로점들도 많았을 거예요. 집에서 환경운동 잘 하려면 집안이 많이 복잡하고 더러워져요(모두 맞아). 이건 여기다 모으고 이건 저기다 … 지저분한 것은 참을 수가 있어야 하는데 동네 주부들이 모이면 '어휴 저집은 집안 살림이 엉망이야' 라는 식으로 흉을 보기도 하거든요. 그럴 땐 좀 부끄러운 게 사실이에요.

피원아　그런데 분리수거를 세분하려면 주부는 정말로 집밖에 나갈 수가 없을 것 같아요. 맥주를 마시는 것은 남편이지만 그 병을 분리해서 처리하는 건 주부들이거든요. 안그래도 청소, 빨래, 음식만드는 일, 아이들 돌보는 일이 산더미 같은데 주부 혼자 모든 것을 담당하는 것은 문제가 있다고 봐요. 사회참여도 하고 환경운동도 해야 하는데 남편들도 함께 가사노동을 분담해야 되겠지요.

권미혁　우리 동네 앞에 시장이 있어요. 그래서 평소 스티로폴을 모아서 '이것 좀 쓰시겠어요?' 하고 가져가니까 아무도 안쓰겠다는 거에요. 모아봐야 결국 버리게 되는 거지요. 바로 이런 점이 실천의 애로점이라고 봐요.

김연순　남편과 같이 시장을 보러갔는데, 꼭 필요한 것도 아닌데 '있으면 편리한 거야' 라는 식으로 남편이 물건을 구입하려고 하고 저는 꼭 필요한 것만 사야 된다고 해서 신경전도 벌였죠. 또 얼마전 이사를 해서 집들이를 하는데 다행히 합성세제 선물이 하나도 없더라구요. 합성세제는 안쓰는 집 같더라나요. 그리고 이런 방면에 전혀 관심이 없던 친구가 폐식용유로 비누를 만들었다는 얘기도 하고… 환경문제에 대한 주부들의 인식이 생각보다는 많이 높아진 것이 사실이에요.

사회자 의식은 높지만 실천은 정말 미약하지요. 또 실천하고 싶어도 방법을 잘 모르는 주부들이 많구요. 그래서 이 책이 의미가 있는 것 같아요.

조영옥 저희 시댁은 제주도에요. 얼마전에 결혼식이 있어서 시댁에 갔는데, 잔치 음식찌꺼기가 많았죠. 그런데 튀김기름이 큰 솥하나 정도가 나온 거에요. 그래서 우리 시누이에게 '이거 어디에 버리느냐?'고 했더니 그냥 하수구에 버린다는 거예요. 제주도는 바로 집앞이 바다이기 때문에 그냥 버리면 바로 바다로 흘러가는 거에요. 아휴! 그 생각을 하니까 얼마나 가슴이 철렁했는지… 그래서 내가 서울로 가져갈테니 통에 담아달라고 했어요. 시누이도 늘 그렇게 버린 것이 찜찜했다면서 앞으로는 하수구에 버리지 않고 폐식용유를 사용하는 곳에 가져다 주겠다고 해서 비행기 타고 실어오지는 않았어요. 그때 정말 가슴이 아팠어요.

사회자 주부들이 다 실천하지는 못해도 요즈음 워낙 '환경, 환경' 하고 들어왔기 때문에 이렇게 폐식용유를 버리더라도 가슴이 뜨끔뜨끔할 거에요. 그냥 버리면 안된다고 알긴 하지만 그러면 이것을 어떻게 할 것인가 하는 곳에서는 막힌다 말입니다. 우리들이 이런 때에 윤활유 역활을 해 가지고 가슴이 안아프도록 해야 되지 않겠어요?

김연순 그럴 때 우리가 바로 그 동네에서 중심이 되어서 폐식용유를 함께 모은다든지, 지하실에 분리수거 장소를 마련한다든지 우유팩을 함께 모은다든지 함으로써 이웃과 함께 실천할 수 있도록 힘을 모으는 것이 과제라고 생각이 들어요.

박범이 저희 동네 쓰레기통은 음식쓰레기, 스티로폴, 병, 종이…

모든 것이 잡동사니로 섞여 있어요. 이런 걸 보면서 '나혼자 책을 쓴다고 하는 것이 무슨 의미가 있을까, 어떻게 하면 우리 동네에서 쓰레기를 올바로 분리·배출하도록 하게 할 수 있을까' 갑갑한 생각이 들어요.

권미혁　통·반장이나 부녀회 등을 통해서 좀 더 인식을 넓힐 수 있는 교육기회를 마련해야 한다고 봐요. 사실 정부에서 하려고만 하면 더 막강한 역할을 하겠지만 인식도 모자라거니와 환경정책이나 입장 자체가 올바로 서 있지도 않다고 보여요.

피원아　정부가 그린벨트 지역이나 공해배출업소의 기준을 슬금슬금 완화한다든가, 아니면 공해문제가 터졌을 때 환경부 장관이나 담당공무원을 문책하거나, 해당 사업장의 형식적인 벌금을 물린다거나 하는 식의 자세가 과연 올바른 환경행정이라고 할 수 있는지 의문이 들어요.

사회자　네, 맞아요. 정부가 실천하도록 하려면 민우회나 다른 시민운동단체들이 힘있게 밀어부치는 것이 필요하다고 봅니다. 그럼 마지막으로 이 책에 대한 주위사람들의 평가는 어떠했는지, 그리고 본인들은 어떤 보람을 느꼈는지 이야기해 볼까요?

조영옥　우리 동네에 살던 아줌마가 마산으로 이사를 갔는데 제 원고를 보내주었어요. 이전에는 합성세제도 마구 쓰고 민우회 생협 물건을 쳐다보지도 않던 분인데 옥수수차나 계란, 두부 등을 주문했다가 잡숴보라고 드리곤 했었지요. 지금은 서울에 올라오면 으례 미리 주문해둔 가루비누나 옥수수차 등을 가져가곤 해요. 합성세제도 전혀 안쓰고 생협 가루비누만을 쓴다는 이야기를 들었을 땐 너무나 뿌듯했어요.

김연순　얼마전 고등학교 동창모임이 있었는데 그날 마침 조선

일보에 우리 기사가 실린 날이었어요. 친구들이 '야, 너 신문에 났더라!' 출세했다고 하면서 저를 보는 눈빛이 달라지더라구요(모두 웃음). 책도 몇권 주문받아 났어요. 그리고 좀처럼 다정한(?) 얘기를 안하는 남편이 어느날은 '네가 너무너무 자랑스럽다!'고 하더군요.

김은경　훈이 아빠는 우리 훈이한테 '엄마는 작가선생이시다!?' 이러던데요.

박범이　원고를 본 친구들이 실천할 게 참 많더라고 하더군요. 사회문제에 관심이 많은 친구들조차도 의외로 화장품 독성에 대해서는 전혀 모르고 있더라구요. 그리고 맨 큰 형님이 '동서가 그런 일을 다 했네. 직업 갖고 돈을 버는 일은 아니더라도 부부 중 한 사람은 좋은 일 해야지' 그렇게 말씀하셔서 정말 보람을 느꼈어요.

김은경　'우리 지구가 이대로 가다간 존속하기 어렵다' 이렇게 말하면 너무 과장된 말이라고 하겠지만 지금같은 생활방식, 소비생활이라면 머지않아 사실이 된다고 봐요.

하루빨리 정책입안하는 사람들이 각성을 해서 구체적으로 지구를 살릴 수 있는 방법을 마련해서 사회적으로 그 실천이 이루어지도록 해야 하지요. 어쨌든 책을 쓰고나서 더 큰 책임감을 느끼게 된 것 같아요. 왜 그러잖아요. 아이들 잘 때 머리를 쓰다듬으면서 '넌 이 다음에 훌륭하게(?) 되어서 행복하게(?) 잘 살아라' 하지만 도대체 우리 아이들의 미래가 보이지 않아요.

피원아　환경공부를 할 때 그 실상을 알게 되면서 목이 메이고 고통스러운 날도 있었지만 너무나 많이 큰 것 같아요. 우리도 아무것도 모르고 시작했듯이 공부도 하고 보람도 느껴보고 싶은 주부들은 용기를 가지고 지금부터라도 시작하라고 권하고 싶어요.

사회자 그동안 너무나도 환경문제를 고민해온지라 느낀 것도 많고 정부나 사회단체, 주부들에게 하고픈 말도 많은 것 같아요. 앞으로도 책을 내는 일 외에도 구체적인 실천을 하면서 우리의 지구를 주부의 손으로 살리는 데 앞장서야겠습니다. 그동안 수고하셨습니다(모두 박수).

한국여성사회교육원 소개

한국여성사회교육원은 여성의 주체의식을 높이고 여성간의 연대를 강화함으로써 여성의 인간다운 삶과 우리 사회의 민주화에 여성이 올바른 역할을 할 수 있도록 서로 배우는 여성교육전문기관입니다.

<주요사업>
1. 여성교육의 실시
 ① 여성학 강좌—여성문제에 관한 강좌를 개최하여 여성학의 대중화와 남녀평등의 바른 가치관 확산에 노력하고 있습니다.
 ② 성교육—각 대상별로 전문적이고 정기적인 성교육프로그램을 개발하여 성에 대한 건강한 가치관의 정립을 위해 노력합니다.
 ③ 여성의 정치적 진출을 위한 교육—한국의 민주화의 확대와 여성의 지위 향상을 위해서는 여성의 정치세력화가 필수적입니다. 여성의 정치적 진출이 가능하도록 지식과 경험을 나누는 교육을 합니다.
 ④ 여성통일교육—여성이 통일시대에 능동적으로 대처하고 주체적으로 열어나가고자 합니다.
 ⑤ 지역여성조직을 위한 교육—노동자 밀집지역인 구로, 서민지역인 시흥, 중간계층이 주로 사는 노원·도봉지역에서 그 지역 여성단체와 함께 여성의 자기발전과 지역의 민주적 발전을 위한 교육을 합니다.
 ⑥ 여성활동가들의 연대를 위한 연구모임—여성활동가들의 공동관심사를 함께 토론하는 연구모임을 통해 여성활동가들의 지도력 향상과 경험의 확산에 도움이 되고자 합니다.

2. 교육교재의 개발

여성 노동자, 여성 농민, 사무직 여성, 주부 등 각 계층별·지역별 여성교육을 위한 교재와 성교육 교재, 그리고 여성활동가 대상의 교육교재를 개발합니다.

<한국여성사회교육원에서 펴낸 책>(94년 9월까지)
『여성, 삶, 정치』 지은희·이희경 씀
『우리들의 의식, 우리들의 힘』 지은희 씀
『임금, 참과 거짓』 김경희·박기남 씀
『일하는 여성의 어머니 될 권리』 김혜경 씀
『함께 일어서는 농민』 김주숙·조옥라·이민진 씀
『힘을 모아 서로 돕는 농민』 농어촌사회연구소 여성분과 씀
『우리마을의 민주주의』 농어촌사회연구소 씀
『사무직 여성과 임금』 한국여성민우회 씀
『건강한 삶, 안전한 노동』 한국여성민우회 씀
『실천하는 여성, 힘찬 노동조합』 한국여성민우회 씀
『농민건강과 보건의료』 농어촌사회연구소 씀
『주부의 손에 지구가 있어요』 김은경·권미혁 씀
『주부를 위한 생활한문』 정외영 씀
『맞벌이 가정을 위한 자녀 성교육』 손영주 씀
『한국여성운동의 방향 모색』 한국여성사회교육원 씀
『여성대표의 지방의회 진출, 이렇게 확대하자』 한국여성사회교육원 씀

<한국여성사회교육원에서 함께 일하고 있는 사람들>
원장: 이효재
부원장: 지은희
운영위원: 강인순, 김주숙, 김희은, 이경숙, 이미경, 이영순
교육위원: 유옥순, 정외영, 신경혜

한국여성민우회 소개

한국여성민우회는 여성이기에 받는 모든 불이익과 부당한 대우를 제도적으로 고쳐 여성의 권익을 찾으며 우리 사회의 민주화, 우리 생활의 인간화·협동화를 추구하기 위하여 1987년 9월에 창립한 여성단체입니다.

<주요사업소개>

1. 생활협동사업

우리의 건강을 지키고 땅과 농촌을 살려내기 위해 저공해, 무농약으로 지어진 농산물로 기본으로 여러 생활물자를 함께 나누는 운동입니다. 안전한 먹거리를 만들려는 많은 주부들이 협동조합 회원으로서 활동하고 있습니다. 가입방법은 지역에서 3~5명 정도의 회원들을 모아 전화로 신청하시면 됩니다(전화: 521-2088, 269-5763 등). 공동주문과 공동구입이 방식으로 운영되며 곡류, 유정란, 과일 및 야채, 육류, 해산물, 가공식품, 천연비누, 종이 등 공산품이 있습니다. 생산공동체 회원은 1994년 현재 1,800여명입니다.

2. 지역사업

살기좋은 동네를 만들기 위해 서로의 지혜를 모아나가는 운동입니다. 현재 서대문 은평, 노원 도봉, 강남 서초, 구로 양천 등 4개 지역협의회가 있고 강동 송파, 분동 등 2개 지역모임이 있습니다. 지역협의회에서는 매월 월례회를 개최하고 여성, 교육, 환경문제와 관련하여 회원들의 실생활에서 알아야 할 내용들을 다양하게 교육하고 있으며 지역의회의 감시를 통해 바른 지역사회를 꾸려가기 위한 바른 의정 감시모임도 있습니다.

3. 평생 평등 노동권 확보를 위한 사업

사무직 여성들이 직장과 사회에서 겪는 성차별의 문제를 해결하고 건강한 일터, 일하는 즐거움을 되찾을 수 있도록 하는 많은 사업들을 하고 있습니다. '여성조합원 등 간부교육' 등의 교육활동, 사무직 노동자들의 각종 직업병 실태조사, 동일노동 동일임금 실현을 위한 다양한 활동, 성폭력 근절을 위한 활동, 계간 <사무직 여성> 발간, 여성노동자 상담활동(상담전화 275-5755) 등을 하고 있습니다.

4. 여성권익 확보를 위한 사업들

서로의 문제를 함께 고민하고 여성들의 자기개발과 사회적 실천들을 위한 여러 모임이 있습니다. ① 바른 언론을 위한 모임, ② 주부 풍물패 「단비」, ③ 어머니 노래단, ④ 비디오 감상반 등

5. 상담소 추진

가칭 「일, 가족, 성 상담소」는, 현재 부부관계와 자녀문제 그리고 개인의 정체성에 대한 주부들의 상담욕구가 늘어나고 있는 반면 이에 대응하는 정부차원의 대책이나 사회단체, 상담기관의 활동이 대부분 요보호대상이나 사회적으로 표면화된 문제 위주로 진행되고 있는 현실에 대해, 사후관리가 아닌 예방적 차원에서 충분히 예견될 수 있는 가정내 고민에 대한 접근과 대책을 강구하기 위해 부부관계와 자녀교육을 중심으로 가족상담을 주로 하려고 합니다.

6. 한국여성민우회에서 지금까지 발간한 책

월간 <함께 가는 여성>, 『개정 가족법』, 『사무직 여성의 현실과 운동』, 계간 <사무직 여성>, 『건강한 삶 안전한 노동』, 『사무직 여성과 임금』, 『주부의 가사노동 가치평가에 대한 조사결과 보고서』, 『생활협동운동과 유기농산물 직거래』 등

* 한국여성민우회는 장충동 1가에 있습니다(전화 269 - 5763~5).

글쓴이 소개
김은경 56년생, 노원구 중계동 거주
권미혁 58년생, 성남시 분당 거주
조영옥 58년생, 도봉구 쌍문동 거주
김연순 64년생, 도봉구 방학동 거주
박범이 64년생, 노원구 상계동 거주
피원아 66년생, 마포구 연남동 거주

주부의 손에 지구가 있어요

1995년 2월 13일 초판인쇄
1995년 2월 24일 초판발행

지은이 김은경·권미혁 외
펴낸이 김종수
펴낸곳 도서출판 한울
주소 서울시 서대문구 창천동 503-24(휴암빌딩 201호)
전화 326-0095(대표)
팩스 333-7543
등록 1980. 3. 13. 제14-19호
ⓒ 김은경·권미혁 외, 1995. Printed in Korea.
ISBN 89-460-2182-9 03330

값 6,500원

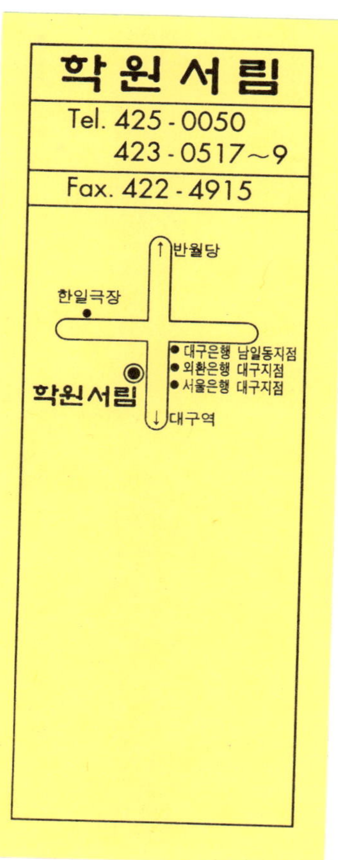

학원서림
Tel. 425 - 0050
423 - 0517~9
Fax. 422 - 4915
↑반월당
한일극장
대구은행 남일동지점
외환은행 대구지점
서울은행 대구지점
학원서림
↓대구역